www.kyohak.co.kr

KB216865

OK! Click 시리즈 ④

한글 2022로 문서 꾸미기

ok!click

전경숙 지음

본 교재는 컴퓨터를 쉽고 재미있게,
배울 수 있도록 쉬운 예문과
큰 글자체, 큰 화면 그림으로
구성하였습니다.

(주)교학사

저자 전경숙

꿈을 심어 주는 책을 만드는 출판전문기획사 JD 공작소의 대표입니다.

2022 개정교육과정 중학교 정보, 고등학교 정보, 고등학교 소프트웨어 생활,

2022 개정교육과정 충북교육청에서 개발한 인공지능 생활탐구, 인공지능 교과탐구의 편집을 진행했습니다.

기획하고 쓴 책으로 《돌다리 안전동화(전6권)》, 《우리 엄마 누구게?》, 《어디든 갈 수 있어》,

《코뿔소의 꿈》, 《모양 가게로 오세요!》, 《노랑, 검정, 노랑, 검정 그 다음엔?》 등 다수가 있습니다.

우리가 만든 책이 모든 사람들의 마음 속 씨앗이 되어

미래의 꽃 한 송이, 열매 하나, 나무 한 그루가 되기를 바랍니다.

Ok Click 한글 2022로 문서 꾸미기

2025년 5월 30일 초판 1쇄 인쇄
2025년 6월 10일 초판 1쇄 발행

저 자	전경숙
펴낸이	양진오
펴낸곳	(주)교학사
주 소	(공장)서울특별시 금천구 가산디지털1로 42 (가산동)
	(사무소)서울특별시 마포구 마포대로14길 4 (공덕동)
전 화	02-707-5310(문의), 02-707-5147(영업)
등 록	1962년 6월 26일 〈18-7〉
홈페이지	http://www.kyohak.co.kr
교 정	이은정
디자인	송지서
기 획	정보산업부

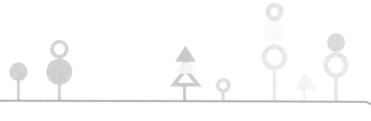

Ok! Click 시리즈는 컴퓨터의 OA 기반을 다질 수 있도록 야심차게 준비한 교재입니다.

인터넷이 일반화되고 컴퓨터가 기본이 되어 버린 현실에서 컴퓨터를 보다 쉽고 재미있게 배울 수 있도록 어렵지 않은 예문과 큰 글자체, 큰 화면 그림으로 여러 독자층이 누구나 부담없이 책을 펼쳐 배울 수 있도록 만들었습니다.

내용면에서는 초보자가 컴퓨터를 이해하고, 쉽게 활용할 수 있도록 쉬운 예제와 타이핑이 빠르지 않은 독자를 위해 많은 분량의 타이핑 예문은 배제하였습니다.

편집면에서는 깔끔하고 시원스러운 편집으로 눈에 부담을 줄이도록 구성하였습니다.

교재는 다음과 같이 구성되었습니다.

1 | [배울 내용 미리 보기]를 통해 학습할 내용이 무엇인지 이해시키고 학습 동기를 유발하도록 구성하였습니다.

2 | 전체 교재는 24강으로 구성하고 매 강마다 소제목을 두어 수업의 지루함을 없애고, 단계별로 수업 및 학습할 수 있도록 구성하였습니다.

3 | [참고하세요]를 이용하여 교재 본문의 따라하기 설명 외에 추가 보충 설명을 수록하여 고급 기능 및 유사 기능을 학습할 수 있도록 구성하였습니다.

4 | 매 강의 마지막 부분에 [도전-혼자 풀어 보세요]를 수록하여 혼자 예제를 풀어 보면서 학습 내용을 얼마나 이해했는지 알아볼 수 있도록 구성하였습니다.

5 | [도전-혼자 풀어 보세요]의 예문에 대한 문의는 교학사 홈페이지(www.kyohak.co.kr)의 게시판에 남겨주시면 답변해 드립니다.

이 교재를 접하게 된 모든 독자분들이 어렵게만 느껴졌던 컴퓨터를 친숙하게 활용할 수 있게 되기를 바랍니다.

편집진 일동

예제파일 다운로드 방법

① 웹 브라우저의 주소 입력 창에 **"www.kyohak.co.kr"**를 입력한 후 Enter 를 누릅니다. 교학사 홈페이지에서 상단 메뉴의 [자료실]을 클릭합니다.

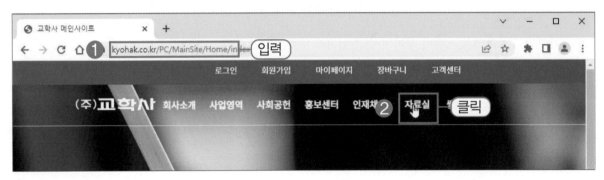

② [출판] – [단행본] 탭을 클릭하고 검색에 **"한글 2022로 문서 꾸미기"**를 입력한 다음 [검색]을 클릭합니다.

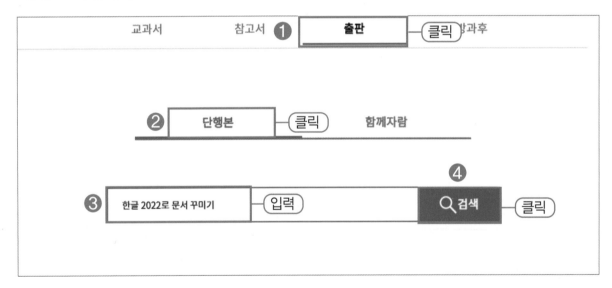

③ 홈페이지 하단에 다운로드 본 교재의 예제파일이 검색되면 검색 결과를 클릭합니다.

번호	구분	제목	과목	자료 구분	날짜
1	컴퓨터	ok click 한글 2022로 문서 꾸미기		ok click	2025-05-08

< 1 >

④ [다운로드] 버튼을 클릭하여 [다른 이름으로 저장] 대화상자가 나타나면 저장할 위치를 '바탕 화면' 으로 선택한 후 [저장]을 클릭합니다.

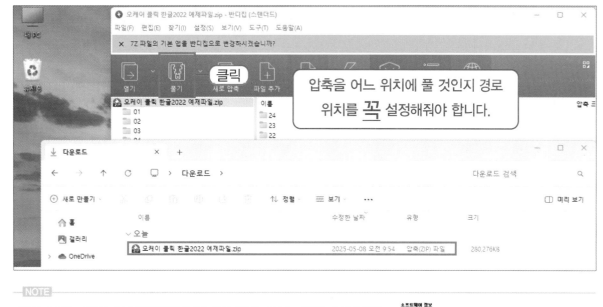

⑤ 다운로드 폴더에 예제파일이 다운로드되었습니다. 압축 프로그램을 실행하여 다운받은 예제파일 의 압축을 바탕화면에 풀어줍니다(여기서는 '반디집'이라는 프로그램을 사용하였습니다.).

---NOTE---

압축 프로그램이 설치되어있지 않다면 압축 프로그램을 설치해야 합니다. 압축 프로그램은 인터넷 포털사이트에서 '압축 프로그램' 으로 검색하여 설치할 수 있습니다(대표 프로그램 : 알집, 빵집).

⑥ 바탕화면에 예제파일의 압축이 풀렸습니다. 이제 한글 2022를 실행하고 해당 폴더의 파일을 불러 와 사용하면 됩니다.

CONTENTS

CONTENTS

한글 2022 기본 다지기

한글 2022는 예전의 단순한 문서 작성을 떠나서 PC와 모바일, 클라우드를 활용하여 사용자가 효율적으로 작업할 수 있는 맞춤 서비스를 제공합니다. 새로운 기능과 다양한 콘텐츠로 문서 작성을 할 수 있습니다.

▶▶ 한글 2022를 시작하고 종료해 봅니다.

▶▶ 한글 2022의 화면을 살펴봅니다.

▶▶ 문서를 작성하고 저장해 봅니다.

▶▶ 파일 이름을 변경하고 암호를 설정해 봅니다.

배울 내용 미리 보기

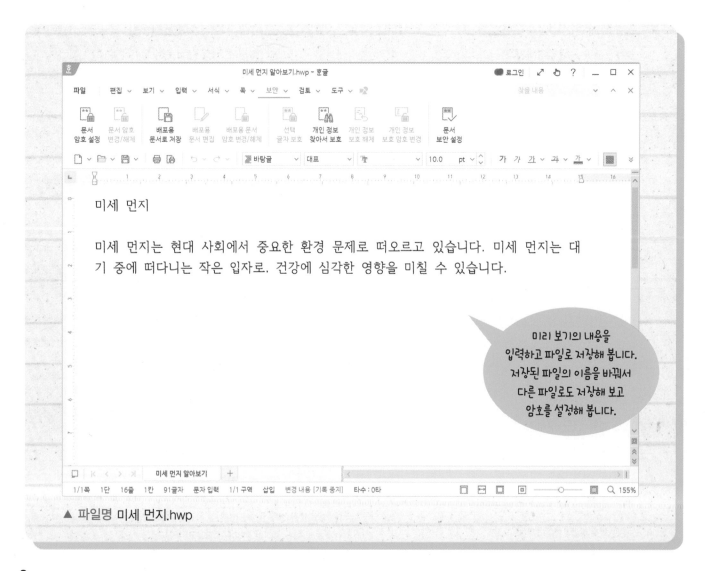

▲ 파일명 미세 먼지.hwp

① 한글 2020 시작하고 끝내기

1 바탕화면에 있는 '한글 2022'를 더블클릭하면 '문서 시작 도우미'가 나타납니다. '문서 시작 도우미'에서 ❶ '새 문서'를 클릭합니다.

참고하세요

왼쪽의 '다시 표시 안 함'을 체크하면 한글 2022를 시작할 때 바로 '새 문서'가 나타납니다. '문서 시작 도우미'를 다시 시작하려면 [파일] 탭의 '문서 시작 도우미'를 클릭합니다.

2 새 문서가 나타납니다. 한글 2022를 종료하려면 ❶ [파일] 메뉴에서 ❷ '끝'을 클릭합니다.

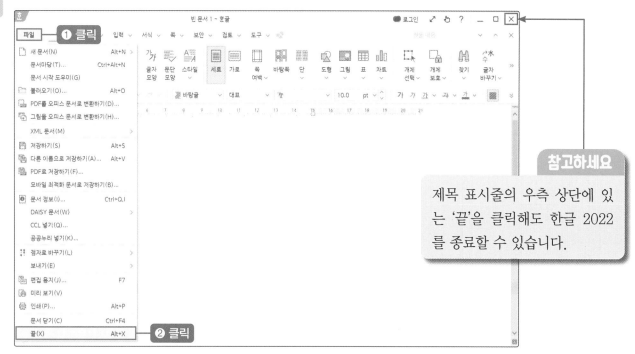

참고하세요

제목 표시줄의 우측 상단에 있는 '끝'을 클릭해도 한글 2022를 종료할 수 있습니다.

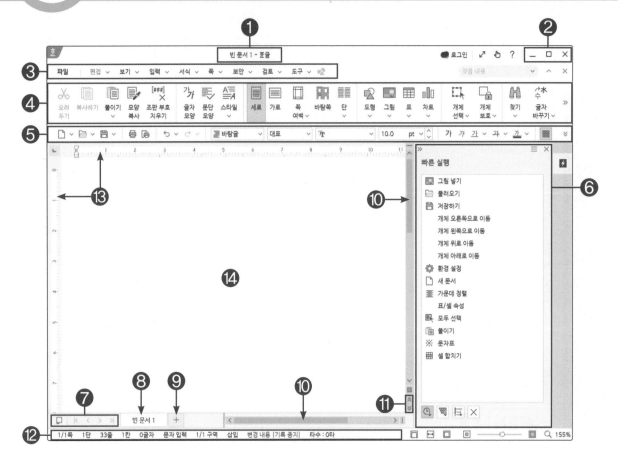

❶ **제목 표시줄** 현재 작업 중인 문서의 경로와 파일 이름을 표시합니다.

❷ **창 조절 단추** 창 크기의 최소화, 이전 크기로 복원, 최대화, 닫기 등의 기능을 합니다.

❸ **메뉴 표시줄** 모든 기능이 메뉴 방식으로 표시되어 있으며 메뉴의 ∨를 클릭하면 하위 메뉴가 나타납니다.

❹ **기본 도구 상자** 각 메뉴에서 자주 사용하는 기능을 그룹별로 묶고 [메뉴] 탭을 클릭하면 기능이 열림 상자 형식으로 나타납니다.

❺ **서식 도구 상자** 문서를 작성할 때 자주 사용하는 기능을 모아 아이콘으로 묶어 놓은 곳입니다.

❻ **작업 창** [보기] – [작업 창]에서 보이기/감추기 상태를 정할 수 있습니다. 11개의 작업 창이 제공되며 작업 창을 활용하면 문서 편집 시간을 줄일 수 있고 작업 속도를 높여 효율적인 문서 작업을 수행할 수 있습니다.

❼ **탭 이동 아이콘** 여러 개의 탭이 열려 있을 때 이전 탭/다음 탭으로 이동합니다. 단, 탭이 너무 많아서 한 번에 보이지 않을 때만 활성화됩니다.

❽ **문서 탭** 작성 중인 문서와 파일명을 표시하며 저장되지 않은 문서는 빨강, 저장 완료된 문서는 검은색으로 표시됩니다.

❾ **새 탭** 문서에 새 탭을 추가합니다.

❿ **가로/세로 이동 막대** 문서 내용 화면이 편집 화면보다 크거나 작을 때 화면을 가로/세로로 이동합니다.

⓫ **쪽 이동 아이콘** 작성 중인 문서가 여러 장일 때 쪽 단위로 이동합니다.

⓬ **상황선** 커서가 있는 위치의 쪽 수/단 수, 줄 수/칸 수, 구역 수, 삽입/수정 정보를 확인할 수 있습니다. [보기] – [문서 창]에서 선택하여 보이게 하거나 보이지 않게 할 수 있습니다.

⓭ **눈금자** 가로, 세로 눈금자로 이동과 세밀한 작업을 할 때 편리합니다

⓮ **편집 창** 글자나 그림과 같은 내용을 넣고 꾸미는 작업 공간입니다.

3 문서 작성하고 저장하기

1 한글 2022을 실행한 후 ❶ 다음과 같이 입력합니다. 문서를 저장하기 위해 서식 도구 상자의 ❷ '저장하기'를 클릭합니다.

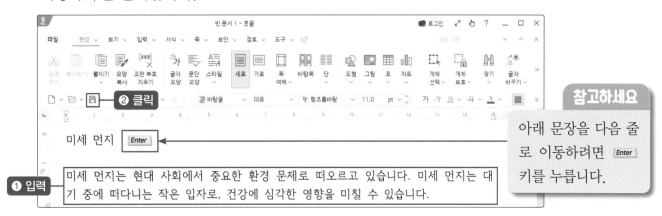

참고하세요

아래 문장을 다음 줄로 이동하려면 `Enter` 키를 누릅니다.

2 ❶ '새 폴더'를 클릭하여 만든 폴더의 이름을 ❷ "한글 2022 연습하기"로 입력하고 `Enter` 키를 누릅니다. 이름이 설정되면 '한글 2022 연습하기' 폴더를 선택한 후 ❸ [열기]를 클릭합니다.

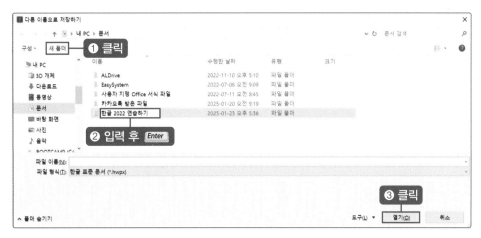

3 '파일 이름'에 ❶"미세 먼지"를 입력한 후 ❷ [저장]을 클릭합니다.

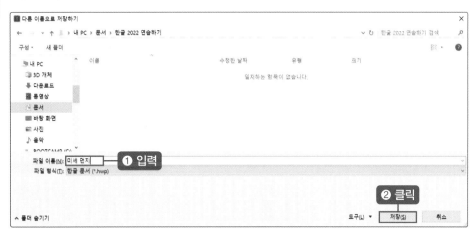

4 다른 이름으로 저장하기와 암호 설정하기

1 현재 문서를 다른 파일 이름으로 변경하여 저장하려면 ❶ [파일] 탭의 ❷ '다른 이름으로 저장하기'를 클릭합니다.

참고하세요

[다른 이름으로 저장하기]를 활용하면 '파일 이름'과 '파일 형식', '저장 위치' 등을 다르게 저장할 수 있습니다.

2 [다른 이름으로 저장하기] 대화 상자가 나타나면 저장할 위치를 ❶ '문서'로 선택하고 ❷ '파일 이름'을 "미세 먼지 알아보기"로 입력합니다. 문서의 암호를 넣기 위해 ❸ '도구(▼)'를 클릭한 후 '문서 암호'를 선택합니다.

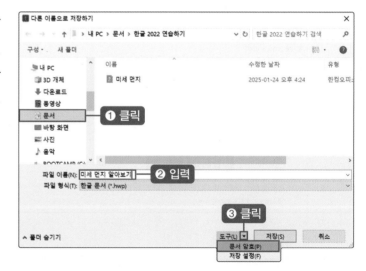

3 [문서 암호 설정] 대화 상자가 나타나면 ❶ 사용할 암호를 '문서 암호'와 '암호 확인'에 동일하게 입력하고 ❷ [설정]을 클릭합니다. [다른 이름으로 저장하기] 대화 상자로 돌아오면 ❸ [저장]을 클릭합니다.

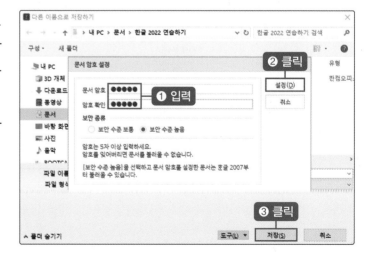

4 현재 문서만 종료하기 위해 우측 상단의 ❶ 문서 '닫기'를 클릭합니다.

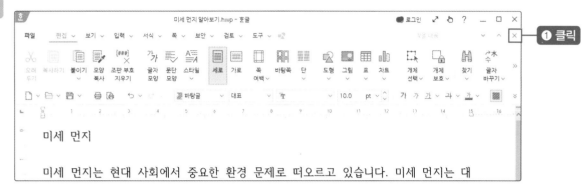

5 암호가 설정된 문서를 불러 오기 위해 서식 도구 상자의 ❶ '불러오기'를 클릭한 후 ❷ '문서'의 ❸ '미세 먼지 알아보기'를 선택하고 ❹ [열기]를 클릭합니다.

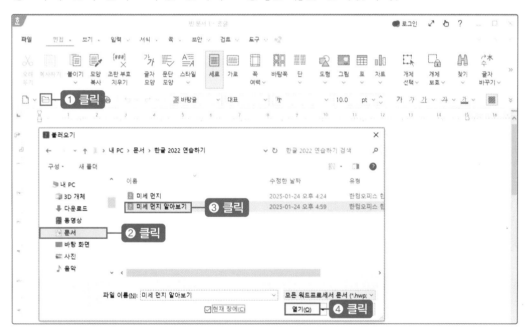

6 등록한 ❶ 암호를 입력하고 ❷ [확인]을 클릭합니다.

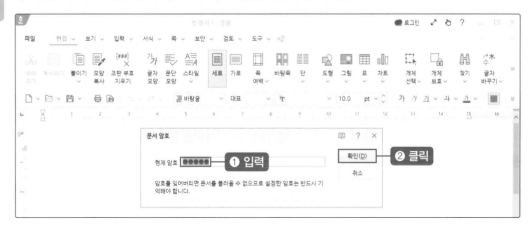

7 암호를 해제하려면 ❶ [보안] 탭의 ❷ '문서 암호 변경/해제'를 클릭합니다.

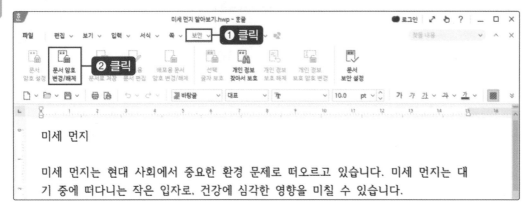

8 [암호 변경/해제] 대화 상자가 나타나면 ❶ '암호 해제'를 선택한 후 ❷ '현재 암호'에 등록했던 암호를 입력하고 ❸ [해제]를 클릭합니다. [암호 변경/해제] 대화 상자가 사라지면 서식 도구 상자의 ❹ '저장하기'를 클릭합니다.

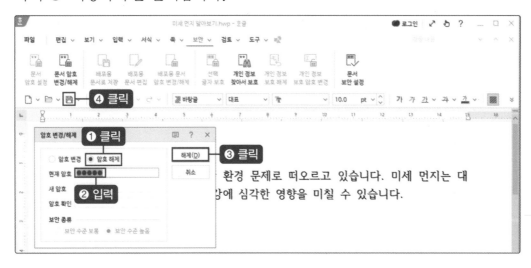

참고하세요

❶ [보안] 탭을 선택한 후 ❷ '문서 암호 설정' 또는 '문서 암호 변경/해제'를 클릭하면 암호를 설정하거나 변경 또는 해제를 할 수 있습니다.

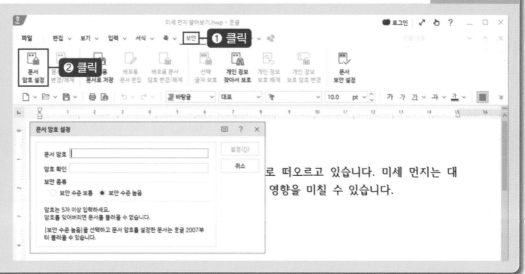

도전! 혼자 풀어 보세요!

1 새 문서에서 다음과 같이 입력하고 '한글 워드프로세서.hwp'로 저장해 보세요.

> 한글 워드프로세서
>
> 우리가 컴퓨터로 문서를 작성할 때 가장 많이 사용하는 프로그램 중 하나가 바로 한글 워드프로세서예요. 한글은 1989년에 처음 출시된 이후로 꾸준히 발전해 왔어요.

한글 워드프로세서   +

2 앞에서 만든 문서에서 다음과 같이 첫 줄의 제목을 변경하고 본문의 내용을 추가해서 입력한 뒤 '한글 워드프로세서의 역사.hwp'로 파일 이름을 변경해서 저장해 보세요.

> 한글 워드프로세서의 역사
>
> 우리가 컴퓨터로 문서를 작성할 때 가장 많이 사용하는 프로그램 중 하나가 바로 한글 워드프로세서예요. 한글은 1989년에 처음 출시된 이후로 꾸준히 발전해 왔어요.
> 처음에는 단순한 글자 입력 기능만 있었지만, 점점 더 많은 기능이 추가되면서 오늘날에는 AI 기능까지 갖춘 강력한 프로그램이 되었어요.

한글 워드프로세서의 역사   +

특수 문자와 한자 입력하기

문자표를 이용하면 다양한 문자나 기호를 입력할 수 있습니다. 한자로 바꾸기를 활용하면
작성한 한글을 한자로 변환할 수 있습니다. 또한 덧말 넣기를 활용하면 문자 위에 덧말을
삽입하고 특수 문자 또는 문자를 겹쳐 쓸 수 있습니다.

➤➤ 특수 문자를 입력해 봅니다.

➤➤ 한글을 한자로 변환해 봅니다.

➤➤ 덧말을 삽입하고 특수 문자 또는 문자를 겹쳐 입력해 봅니다.

배울 내용 미리 보기

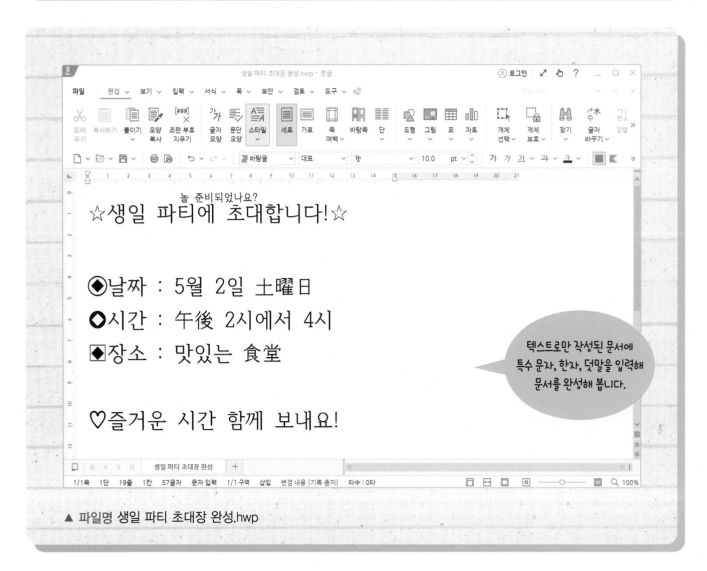

텍스트로만 작성된 문서에
특수 문자, 한자, 덧말을 입력해
문서를 완성해 봅니다.

▲ 파일명 생일 파티 초대장 완성.hwp

1 특수 문자 입력하기

1 '생일 파티 초대장 준비.hwp' 파일에서 ❶ '생' 앞에 커서를 위치시키고 ❷ [입력] 탭에서 ❸ '문자표'의 ∨를 클릭하여 ❹ '※ 문자표'를 선택합니다.

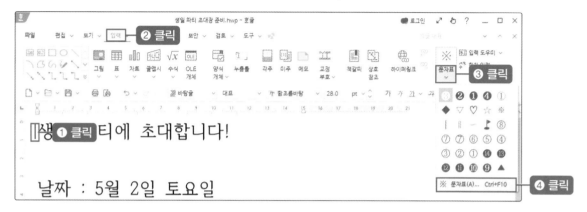

2 [문자표] 대화 상자가 나타나면 ❶ [사용자 문자표] 탭을 클릭합니다. ❷ '기호1'을 선택한 후 특수 문자 ❸ '☆'을 선택하고 ❹ [넣기]를 클릭합니다.

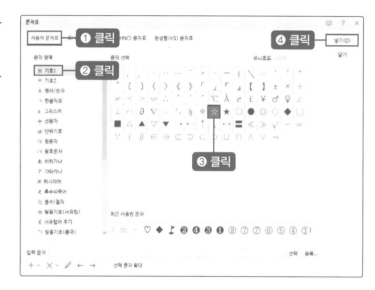

3 같은 방법으로 다음과 같이 ◆, ♡ 등 여러 특수 문자를 입력합니다.

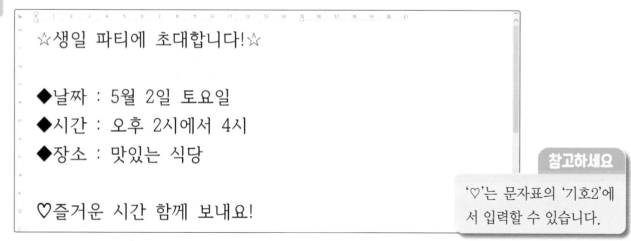

☆생일 파티에 초대합니다!☆

◆날짜 : 5월 2일 토요일
◆시간 : 오후 2시에서 4시
◆장소 : 맛있는 식당

♡즐거운 시간 함께 보내요!

참고하세요

'♡'는 문자표의 '기호2'에서 입력할 수 있습니다.

② 한자로 바꾸기

1 ❶ '토요일' 뒤에 커서를 위치시키고 ❷ [입력] 탭에서 ❸ '한자 입력'의 ∨를 눌러 ❹ '한자로 바꾸기'를 클릭합니다.

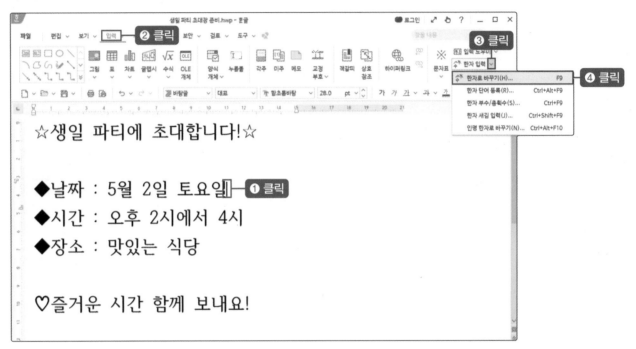

2 [한자로 바꾸기] 대화 상자가 나타나면 해당하는 ❶ 한자를 클릭하고 ❷ '입력 형식'에서 '漢字'를 선택한 후 ❸ [바꾸기]를 클릭합니다.

3 다음과 같이 '오후', '식당'도 한자로 변환합니다.

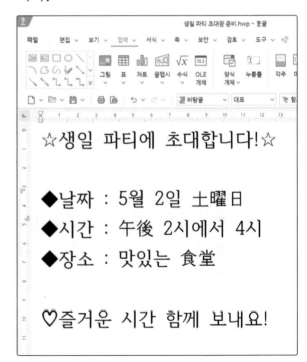

③ 덧말 넣고 글자 겹치기

1 ❶ '생일 파티에 초대합니다!'를 드래그하여 블록으로 설정하고 ❷ [입력] 탭의 ∨를 클릭하여 ❸ '덧말 넣기'를 선택합니다.

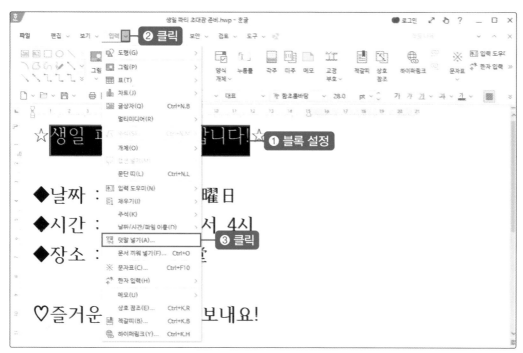

2 [덧말 넣기] 대화 상자가 나타나면 ❶ '덧말'에 "놀 준비되었나요?"를 입력한 후 ❷ '덧말 위치'는 '위'를 선택하고 ❸ [넣기]를 클릭합니다.

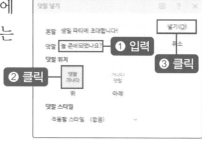

3 덧말 넣기가 완성됩니다.

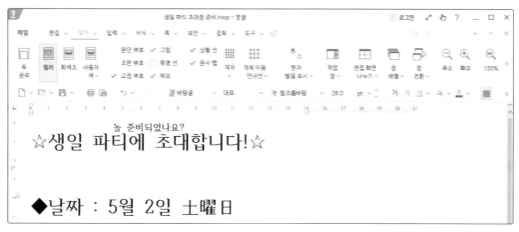

4 ❶ '◆'를 드래그하여 블록으로 설정하고 ❷ [입력] 탭에서 ❸ '입력 도우미'를 클릭한 후 ❹ '글자 겹치기'를 선택합니다.

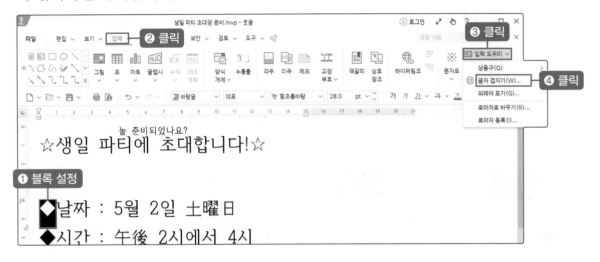

5 [글자 겹치기] 대화 상자가 나타나면 ❶ '겹쳐 쓸 글자'에 ◆가 있는지 확인한 후 ❷ '겹치기 종류'에서 모양 ①을 선택하고 ❸ [넣기]를 클릭합니다.

6 '겹치기 종류'에서 여러 가지 형태를 선택한 후 다음과 같이 완성합니다.

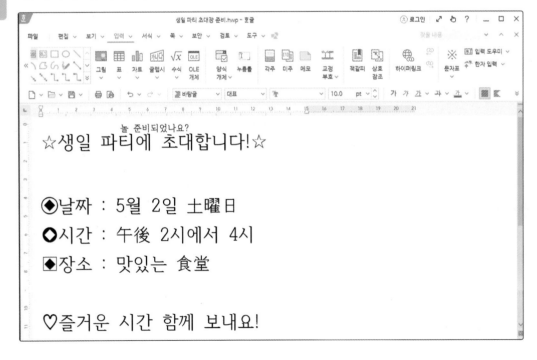

도전! 혼자 풀어 보세요!

1 '한글 2022 단축키 준비.hwp' 파일을 불러온 후 특수 문자를 삽입하고 글자 겹치기 기능을 활용하여 다음과 같이 문서를 완성해 보세요.

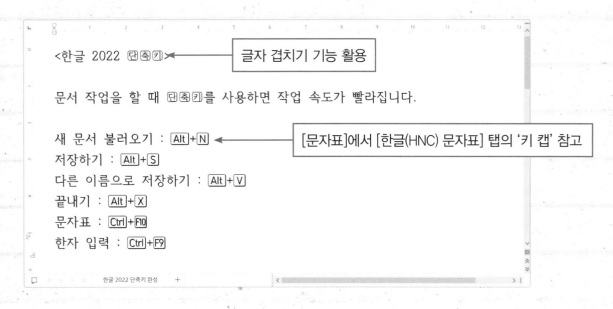

2 '사자성어 준비.hwp' 파일에서 덧말 기능과 한자 변환 기능을 활용하여 다음과 같이 문서를 완성해 보세요.

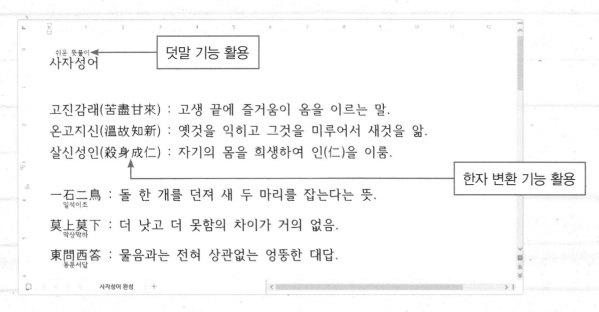

복사하거나 오려서 붙이기

문서를 작성하다 보면 같은 내용을 반복해서 입력하거나 이미 작성한 글의 위치를 변경해야 하는 경우가 있습니다. 이럴 경우 복사하기, 오려두기, 붙이기 기능을 활용하면 편리합니다.

>> 반복해야 하는 내용을 복사하여 붙이기를 해 봅니다.

>> 오려둔 내용을 다른 위치로 붙이기를 해 봅니다.

배울 내용 미리 보기

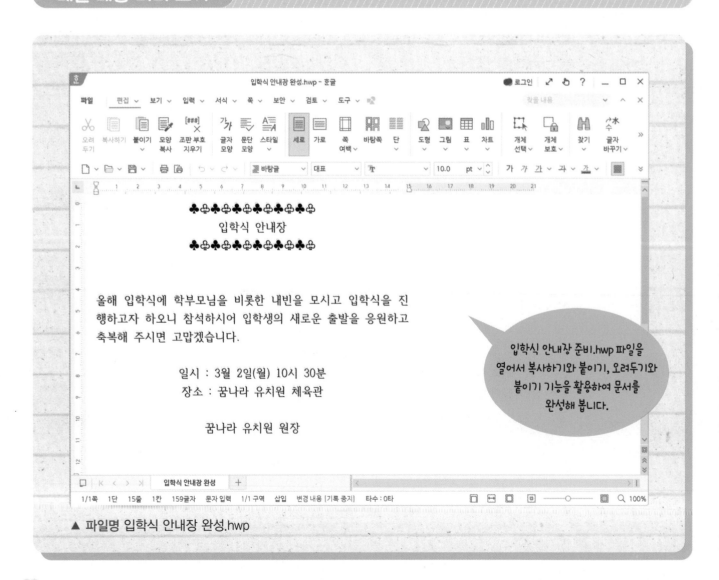

입학식 안내장 준비.hwp 파일을 열어서 복사하기와 붙이기, 오려두기와 붙이기 기능을 활용하여 문서를 완성해 봅니다.

▲ 파일명 입학식 안내장 완성.hwp

1 '입학식 안내장 준비.hwp' 파일에서 문서 첫 행의 특수 문자를 복사하기 위해 ① '♣♤'를 마우스로 드래그하여 블록으로 설정합니다. ② [편집] 탭의 ③ '복사하기'를 클릭합니다.

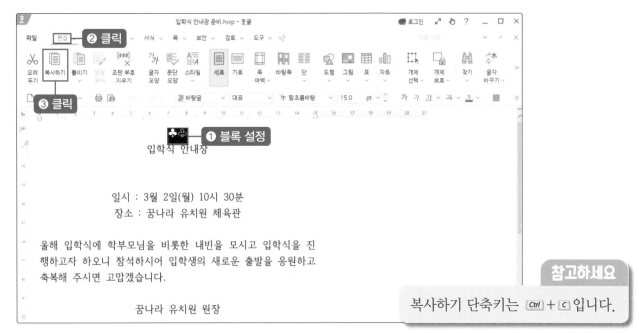

참고하세요

복사하기 단축키는 Ctrl + C 입니다.

2 ① '♣♤'의 끝을 클릭한 후 ② [편집] 탭의 ③ '붙이기'를 클릭합니다.

참고하세요

붙이기 단축키는 Ctrl + V 입니다.

3 '♣♤'가 복사된 것을 확인할 수 있습니다. ① '♣♤'의 끝을 다시 클릭한 후 ② [편집] 탭의 ③ '붙이기'를 4번 더 클릭합니다.

4 '입학식 안내장' 내용 아래에 '♣☆'를 똑같이 입력하기 위해 ❶ 첫 행을 블록으로 설정하고 ❷ [편집] 탭의 ❸ '복사하기'를 클릭합니다.

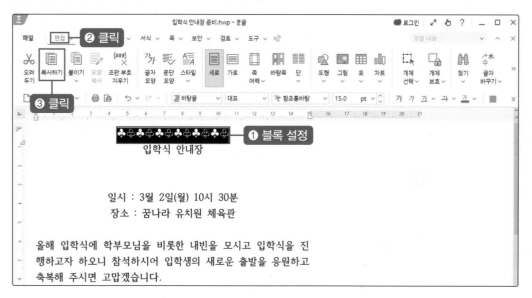

5 ❶ '입학식 안내장' 내용 아래를 클릭한 후 ❷ [편집] 탭의 ❸ '붙이기'를 클릭합니다.

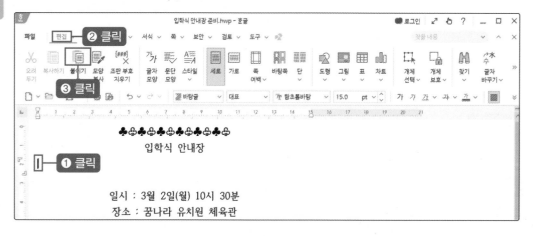

6 '♣☆♣☆♣☆♣☆♣☆'가 복사된 것을 확인할 수 있습니다.

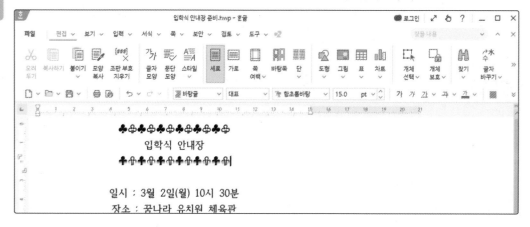

② 오려두고 붙이기

1 '일시'와 '장소'를 안내문 아래 부분으로 이동하기 위해 ❶ 다음과 같이 블록으로 설정합니다. 블록이 설정된 상태에서 ❷ [편집] 탭의 ❸ '오려두기'를 클릭합니다.

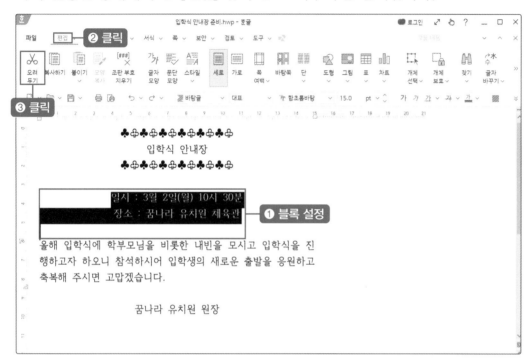

2 '일시'와 '장소'가 사라진 상태를 확인할 수 있습니다.

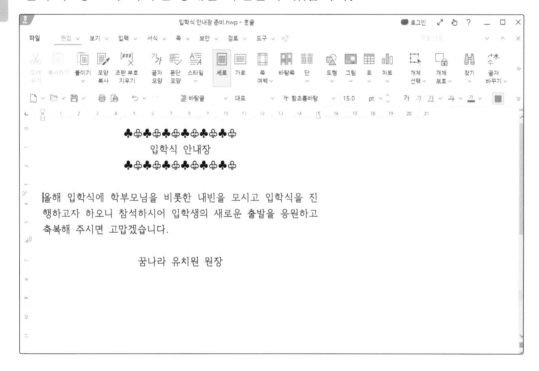

1 ❶ 커서를 다음과 같이 안내문 아래 부분으로 이동시킨 후 ❷ [편집] 탭의 ❸ '붙이기'를 클릭합니다.

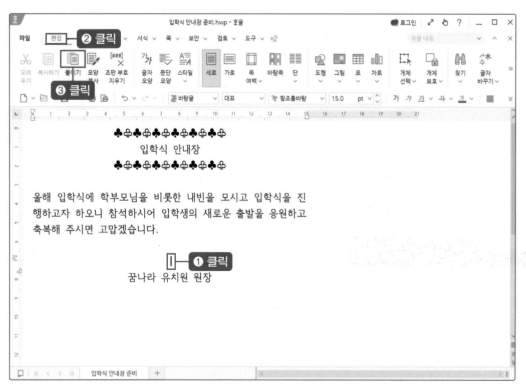

2 '일시'와 '장소'가 안내문 아래 부분으로 이동하였습니다.

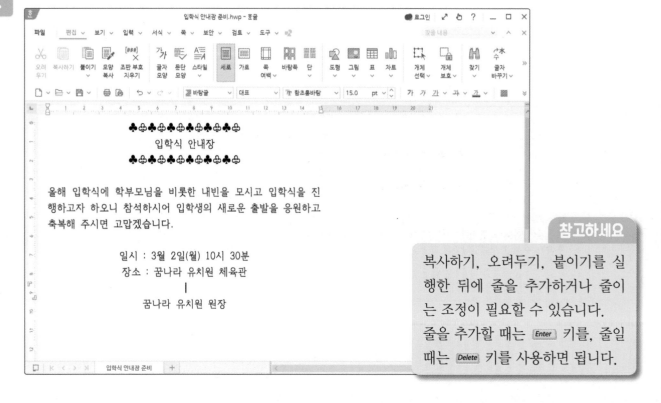

참고하세요

복사하기, 오려두기, 붙이기를 실행한 뒤에 줄을 추가하거나 줄이는 조정이 필요할 수 있습니다. 줄을 추가할 때는 Enter 키를, 줄일 때는 Delete 키를 사용하면 됩니다.

1 '봄맞이 할인 행사 준비.hwp' 파일에서 복사하기와 붙이기 기능을 활용하여 다음과 같이 문서를 작성해 보세요.

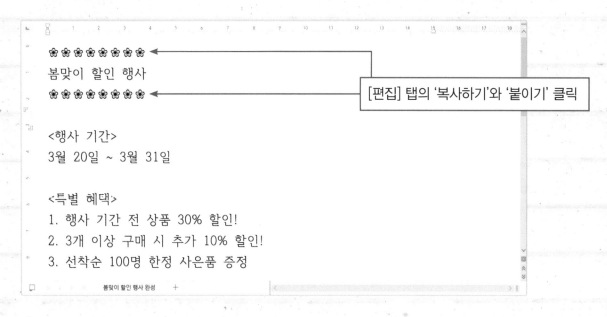

[편집] 탭의 '복사하기'와 '붙이기' 클릭

2 앞에서 작성한 문서에서 오려두기와 붙이기 기능을 활용하여 다음과 같이 문서를 변경해 보세요.

```
❀❀❀❀❀❀❀
봄맞이 할인 행사
❀❀❀❀❀❀❀


<특별 혜택>
1. 행사 기간 전 상품 30% 할인!
2. 3개 이상 구매 시 추가 10% 할인!
3. 선착순 100명 한정 사은품 증정


<행사 기간>
3월 20일 ~ 3월 31일
```

[편집] 탭의 '오려두기'와 '붙이기' 클릭

봄맞이 할인 행사 완성   +

글자 모양 설정하기

문서를 작성할 때 글꼴과 글자 크기, 글자 색을 바꾸거나 진하게, 밑줄 등의 꾸미기를 적용하여 문서의 가독성을 높일 수 있습니다.

➡➡ 글꼴과 글자 크기를 변경해 봅니다.

➡➡ 글자 색을 바꿔 봅니다.

➡➡ 음영 색을 바꾸거나 진하게, 밑줄 등의 꾸미기를 적용해 봅니다.

배울 내용 미리 보기

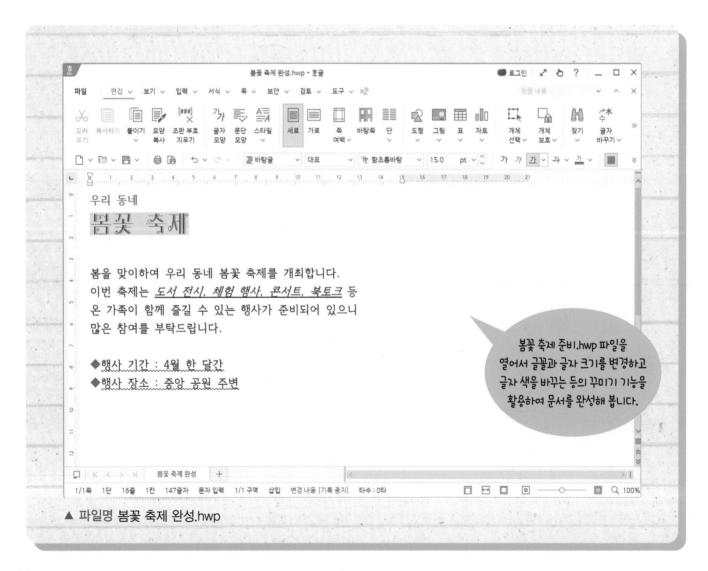

봄꽃 축제 준비.hwp 파일을 열어서 글꼴과 글자 크기를 변경하고 글자 색을 바꾸는 등의 꾸미기 기능을 활용하여 문서를 완성해 봅니다.

▲ 파일명 봄꽃 축제 완성.hwp

① 글꼴과 글자 크기 변경하기

1 '봄꽃 축제 준비.hwp' 파일에서 ❶ '봄꽃 축제'를 드래그하여 블록으로 설정합니다. 서식 도구 상자에서 ❷ '글꼴'의 ∨를 클릭하고 ❸ '양재샤넬체M'을 선택합니다.

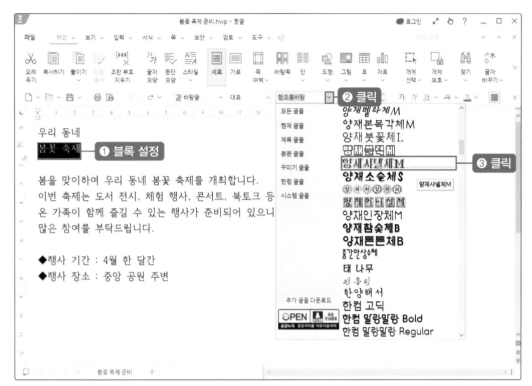

2 ❶ 블록 설정을 유지한 상태에서 서식 도구 상자의 ❷ '글자 크기'에 "30"을 입력합니다.

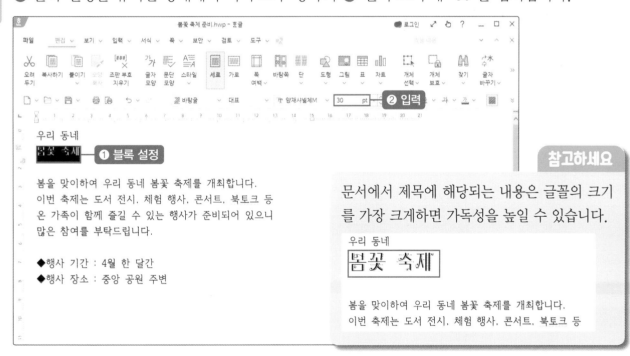

참고하세요

문서에서 제목에 해당되는 내용은 글꼴의 크기를 가장 크게하면 가독성을 높일 수 있습니다.

우리 동네
봄꽃 축제

봄을 맞이하여 우리 동네 봄꽃 축제를 개최합니다.
이번 축제는 도서 전시, 체험 행사, 콘서트, 북토크 등

② 글자 색 바꾸기

1 ❶ '우리 동네'를 드래그하여 블록으로 설정하고 서식 도구 상자의 ❷ '글자 색'에서 ∨를 눌러 ❸ '빨강'을 클릭합니다.

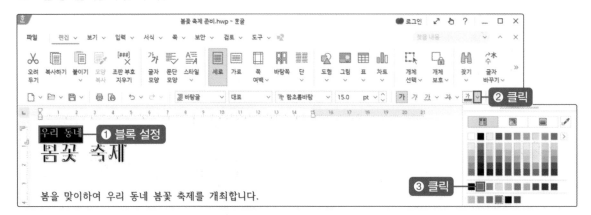

2 ❶ '봄꽃 축제'를 드래그하여 블록으로 설정하고 서식 도구 상자의 ❷ '글자 색'에서 ∨를 눌러 ❸ '파랑'을 클릭합니다.

3 특수 문자도 글자와 마찬가지로 색깔을 바꿀 수 있습니다. ❶ '◆'를 드래그하여 블록으로 설정 하고 서식 도구 상자의 ❷ '글자 색'에서 ∨를 눌러 ❸ '빨강'을 클릭합니다.

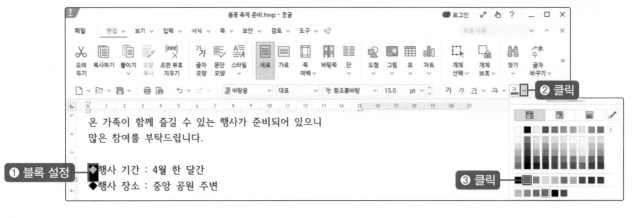

3 글자 꾸미기

1 진하게 꾸미기 ❶ '우리 동네'를 드래그하여 블록으로 설정하고 서식 도구 상자의 ❷ '진하게' 클릭합니다.

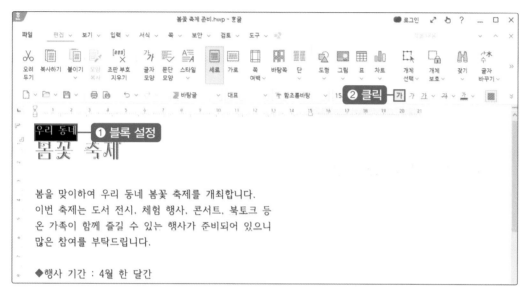

2 음영 색 넣기 ❶ '봄꽃 축제'를 드래그하여 블록으로 설정하고 ❷ [편집] 탭에서 ❸ '글자 모양'을 선택합니다. '글자 모양' 대화 상자가 나타나면 ❹ '음영 색'의 ∨를 클릭해서 ❺ '노랑'을 선택하고 ❻ [설정]을 클릭합니다.

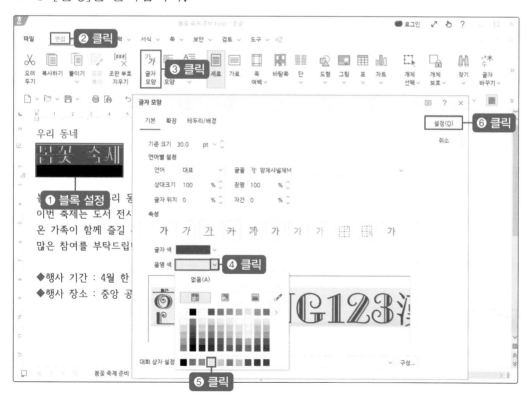

3 기울임과 밑줄 넣기 ❶ '도서 전시, 체험 행사, 콘서트, 북토크'를 드래그하여 블록으로 설정하고 서식 도구 상자의 ❷ '기울임'과 ❸ '밑줄'을 선택합니다.

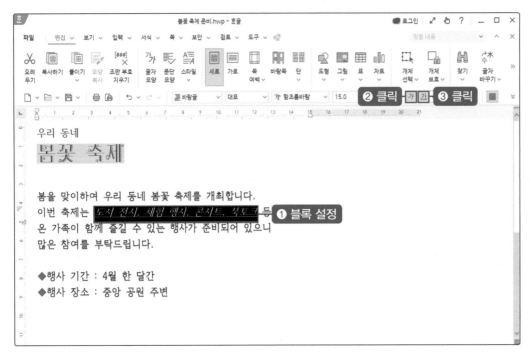

4 다양한 밑줄 넣기 ❶ '행사 기간 : 4월 한 달간'을 드래그하여 블록으로 설정하고 서식 도구 상자의 ❷ '밑줄'에서 ∨를 선택하면 여러 종류의 밑줄이 나타납니다. ❸ '물결선'을 클릭합니다.

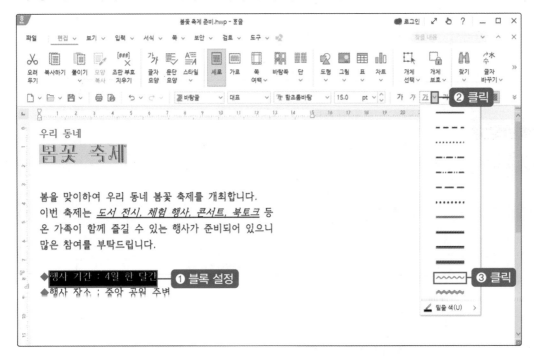

① '소풍 장소 선정 준비.hwp' 파일에서 '글자 모양'을 변경하여 다음과 같이 문서를 완성해 보세요.

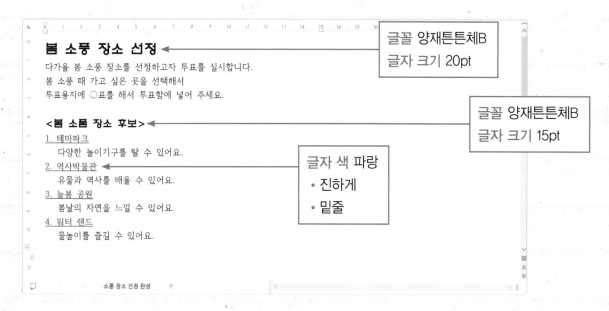

글꼴 양재튼튼체B
글자 크기 20pt

글꼴 양재튼튼체B
글자 크기 15pt

글자 색 파랑
• 진하게
• 밑줄

② '레시피 준비.hwp' 파일에서 '글자 모양'을 변경하여 다음과 같이 문서를 완성해 보세요.

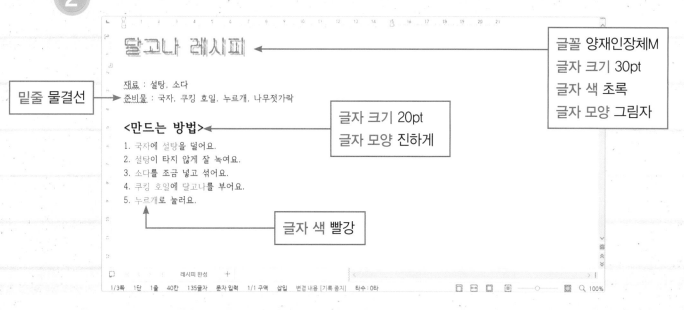

글꼴 양재인장체M
글자 크기 30pt
글자 색 초록
글자 모양 그림자

밑줄 물결선

글자 크기 20pt
글자 모양 진하게

글자 색 빨강

문단 모양 설정하기

여러 문장이 이어지다가 내용에 따라 줄이 바뀌는 부분이 있습니다. 이것을 '문단'이라고 합니다. '문단 모양'을 실행하면 정렬 방식, 줄 간격, 문단 테두리, 문단 배경 등을 바꿀 수 있습니다.

➤➤ 문단을 가운데 정렬, 오른쪽 정렬 등으로 조절해 봅니다.

➤➤ 문단의 줄 간격을 조절해 봅니다.

➤➤ 문단의 여백, 테두리, 배경을 설정해 봅니다.

배울 내용 미리 보기

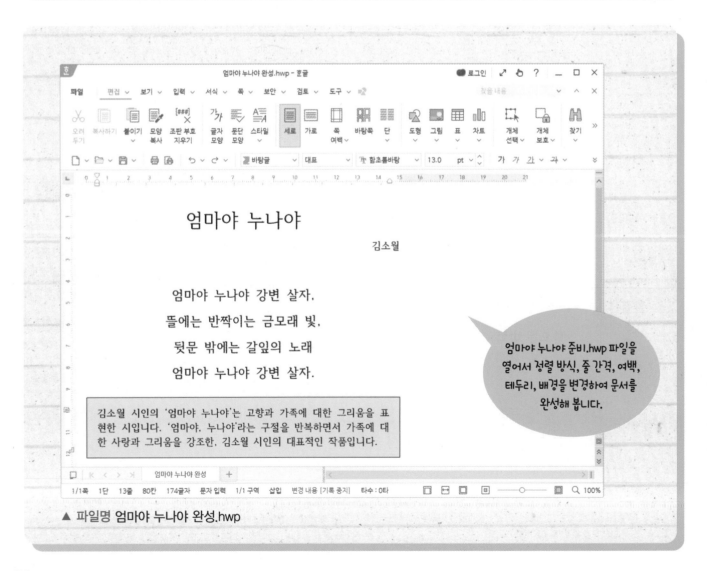

엄마야 누나야 준비.hwp 파일을 열어서 정렬 방식, 줄 간격, 여백, 테두리, 배경을 변경하여 문서를 완성해 봅니다.

▲ 파일명 **엄마야 누나야 완성.hwp**

1 정렬 방식 설정하기

1 '엄마야 누나야 준비.hwp' 파일에서 ❶ 제목에 해당되는 '엄마야 누나야' 줄에 커서를 두고 ❷ [편집] 탭의 ❸ '문단 모양'을 클릭합니다.

2 '문단 모양' 대화 상자가 나타나면 ❶ '정렬 방식'에서 '가운데 정렬'을 선택하고 ❷ [설정]을 클릭합니다.

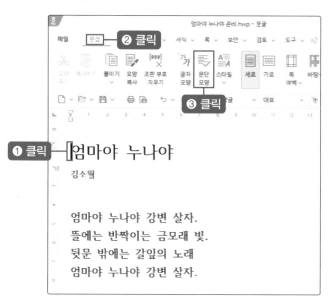

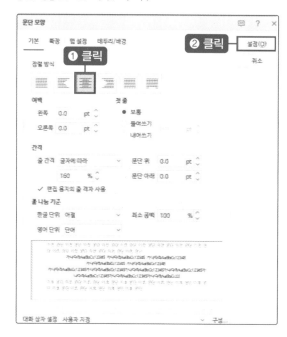

3 ❶ '김소월' 줄에 커서를 위치시키고 ❷ [편집] 탭의 ❸ '문단 모양'을 클릭합니다. '문단 모양' 대화 상자가 나타나면 ❹ '정렬 방식'에서 '오른쪽 정렬'을 선택하고 ❺ [설정]을 클릭합니다.

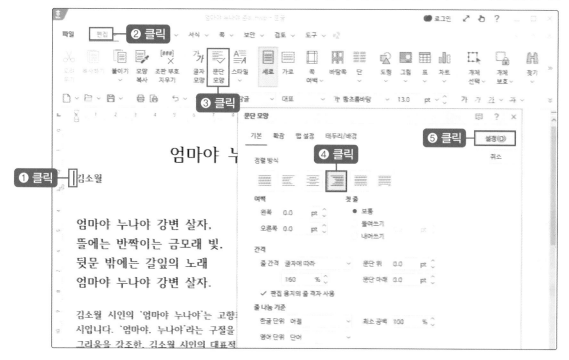

4 ❶ 시 내용에 해당되는 부분을 드래그하여 블록을 설정하고 ❷ [편집] 탭의 ❸ '문단 모양'을 클릭합니다.

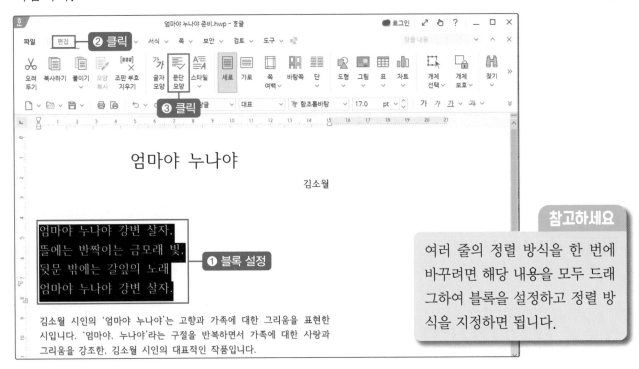

참고하세요

여러 줄의 정렬 방식을 한 번에 바꾸려면 해당 내용을 모두 드래그하여 블록을 설정하고 정렬 방식을 지정하면 됩니다.

5 '문단 모양' 대화 상자가 나타나면 ❶ '정렬 방식'에서 '가운데 정렬'을 선택하고 ❷ [설정]을 클릭합니다.

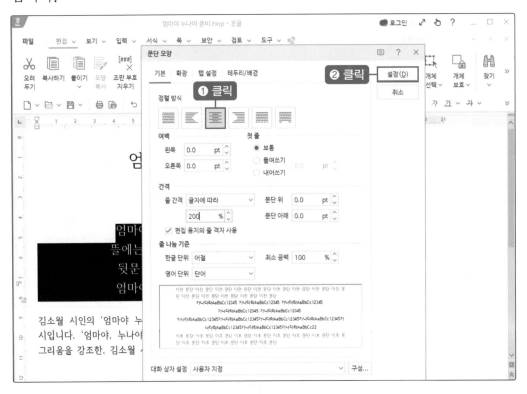

② 줄 간격 설정하기

1 ❶ 시 내용에 해당되는 부분을 드래그하여 블록을 설정하고 ❷ [편집] 탭의 ❸ '문단 모양'을 클릭합니다.

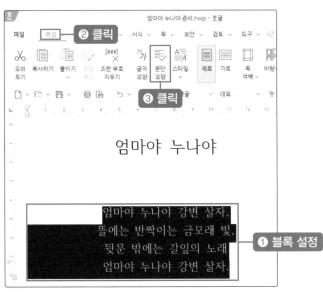

2 '문단 모양' 대화 상자가 나타나면 ❶ '줄 간격'에 "200"을 입력하고 ❷ [설정]을 클릭합니다. 줄 간격이 넓어진 것을 확인할 수 있습니다.

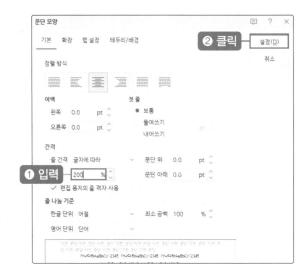

3 ❶ 시 설명에 해당되는 부분을 드래그하여 블록을 설정하고 ❷ [편집] 탭의 ❸ '문단 모양'을 클릭합니다. '문단 모양' 대화 상자가 나타나면 ❹ '줄 간격'에 "145"를 입력하고 ❺ [설정]을 클릭합니다. 줄 간격이 좁아진 것을 확인할 수 있습니다.

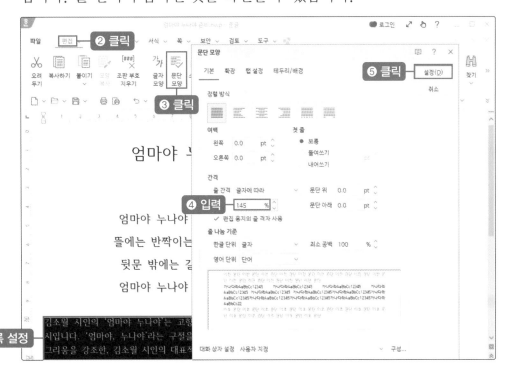

3 문단 테두리와 배경 설정하기

1 ❶ 시 설명에 해당되는 부분을 드래그하여 블록을 설정하고 ❷ [편집] 탭의 ❸ '문단 모양'을 클릭합니다.

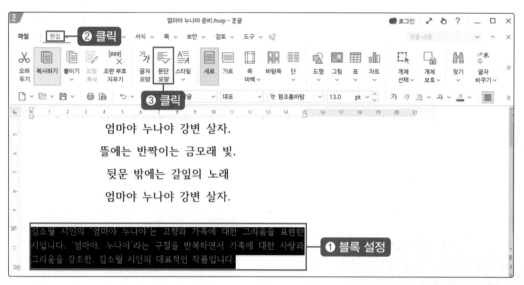

2 '문단 모양' 대화 상자가 나타나면 [기본] 탭에서 ❶ '여백' 부분의 왼쪽에 "5.0mm"를, 오른쪽에 "5.0mm"를 입력하고 ❷ [테두리/배경] 탭을 클릭합니다. [테두리/배경] 탭에서 ❸ '테두리'의 '종류'를 '실선'과 ❹ '모두'로 선택합니다. ❺ '배경'의 '면색'을 '노랑'으로, ❻ '간격'에서 '문단 여백 무시'를 선택하고 ❼ [설정]을 클릭합니다.

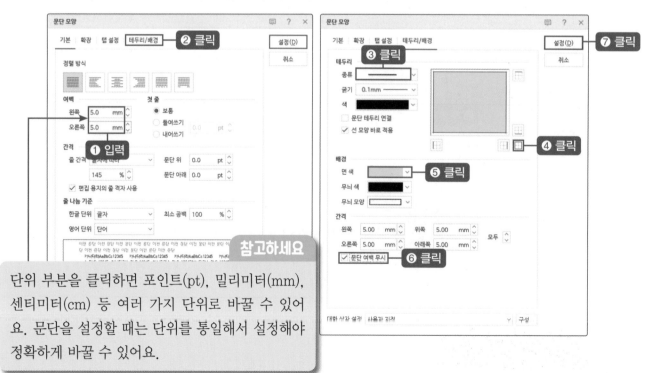

참고하세요

단위 부분을 클릭하면 포인트(pt), 밀리미터(mm), 센티미터(cm) 등 여러 가지 단위로 바꿀 수 있어요. 문단을 설정할 때는 단위를 통일해서 설정해야 정확하게 바꿀 수 있어요.

1. '기자단 모집 준비.hwp' 파일에서 '문단 모양'을 변경하여 다음과 같이 문서를 완성해 보세요.

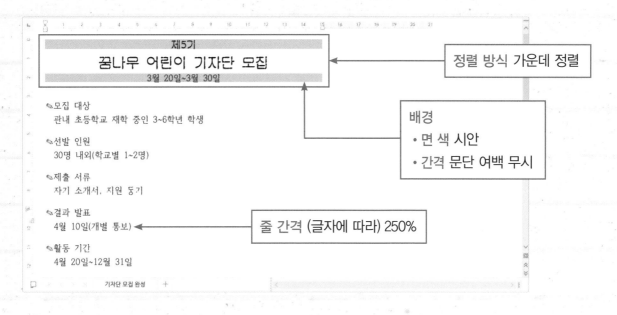

2. '날씨 워크북 준비.hwp' 파일에서 '문단 모양'을 변경하여 다음과 같이 문서를 완성해 보세요.

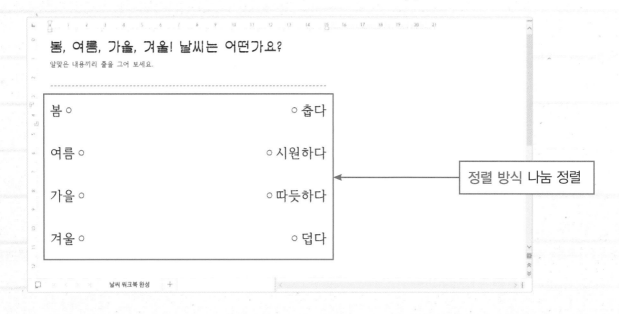

모양 복사하고 스타일 설정하기

모양 복사는 글자 모양과 문단 모양을 복사해서 다른 문장에 똑같이 적용할 수 있는 기능입니다. 스타일은 글자 모양과 문단 모양 등을 미리 설정해 두고 문서에 일관되게 적용할 수 있는 기능입니다.

➡➡ 글자 모양과 문단 모양을 복사해 봅니다.

➡➡ 스타일을 설정하고 글자 모양을 변경해 봅니다.

배울 내용 미리 보기

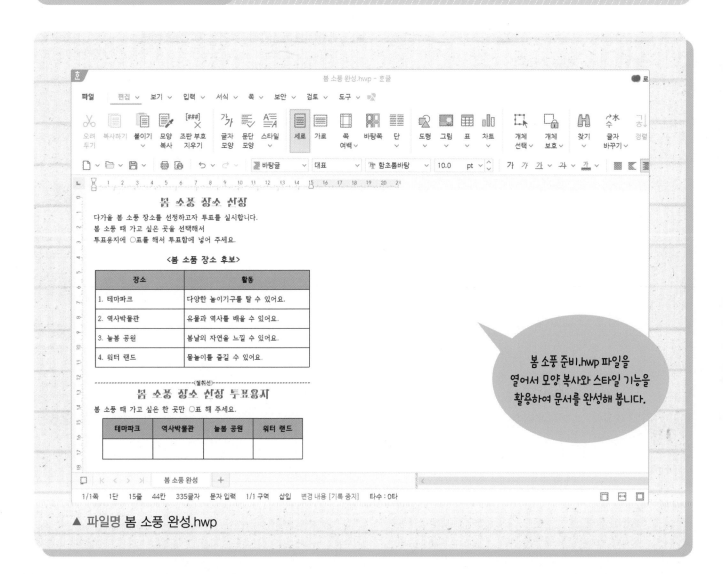

봄 소풍 준비.hwp 파일을 열어서 모양 복사와 스타일 기능을 활용하여 문서를 완성해 봅니다.

▲ 파일명 봄 소풍 완성.hwp

1 모양 복사하기

1 '봄 소풍 준비.hwp' 파일에서 ❶ '봄 소풍 장소 선정'을 드래그하여 블록으로 설정하고 ❷ [편집] 탭에서 ❸ '글자 모양'을 클릭합니다. '글자 모양' 대화 상자가 나타나면 ❹ '기준 크기'에 "20pt"를 입력하고 ❺ '글꼴'은 '함초롬돋움'을 선택합니다. ❻ '속성'에서 '진하게'를, ❼ '글자 색'에서 '파랑'을 선택한 뒤 ❽ [설정]을 클릭합니다.

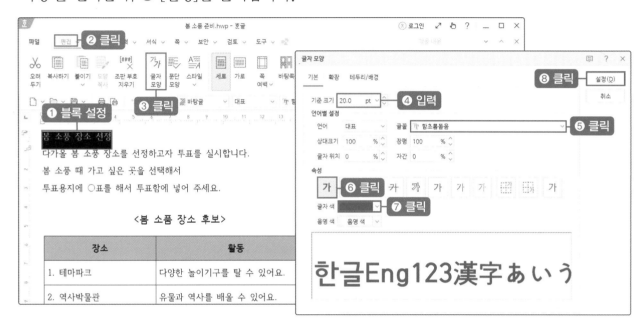

2 ❶ '봄 소풍 장소 선정'의 블록 설정을 유지하면서 ❷ [편집] 탭에서 ❸ '문단 모양'을 클릭합니다. '문단 모양' 대화 상자가 나타나면 ❹ '정렬 방식'에서 '가운데 정렬'을 선택하고 ❺ [설정]을 클릭합니다.

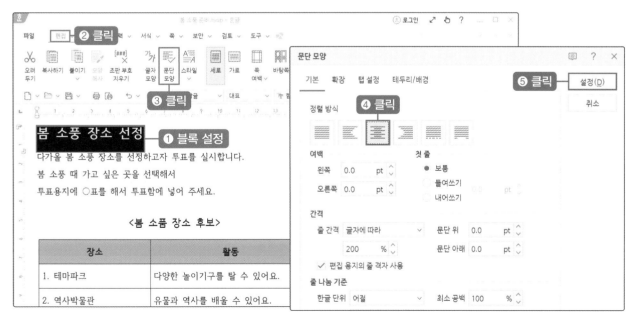

3 글자 모양을 복사하기 위해 ❶ '봄 소풍 장소 선정' 글자 뒤를 클릭하고 ❷ [편집] 탭에서 ❸ '모양 복사'를 선택합니다.

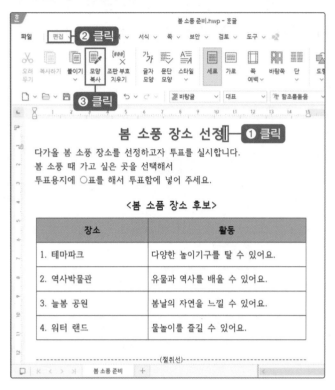

4 '모양 복사' 대화 상자가 나타나면 ❶ '본문 모양 복사'에서 '글자 모양과 문단 모양 둘 다 복사'를 선택한 후 ❷ [복사]를 클릭합니다.

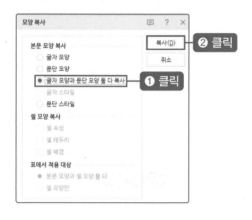

5 복사한 글자 모양과 문단 모양을 적용할 ❶ '봄 소풍 장소 선정 투표용지'를 블록으로 설정하고 ❷ [편집] 탭에서 ❸ '모양 복사'를 클릭합니다.

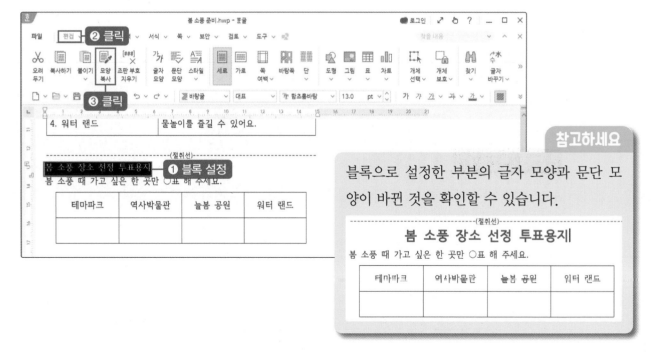

참고하세요

블록으로 설정한 부분의 글자 모양과 문단 모양이 바뀐 것을 확인할 수 있습니다.

6 표 서식을 복사하기 위해 ❶ 복사할 표 안의 셀을 클릭하고 ❷ [편집] 탭에서 ❸ '모양 복사'를 클릭합니다. '모양 복사' 대화 상자가 나타나면 ❹ 다음과 같이 선택하고 ❺ [복사]를 클릭합니다.

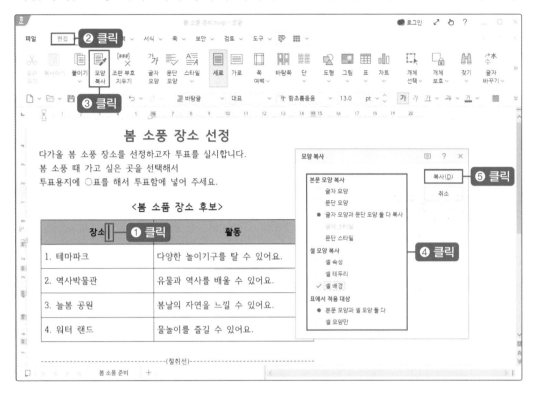

7 ❶ 복사한 표 서식을 적용할 표를 드래그하여 블록으로 설정하고 ❷ [편집] 탭에서 ❸ '모양 복사'를 클릭합니다.

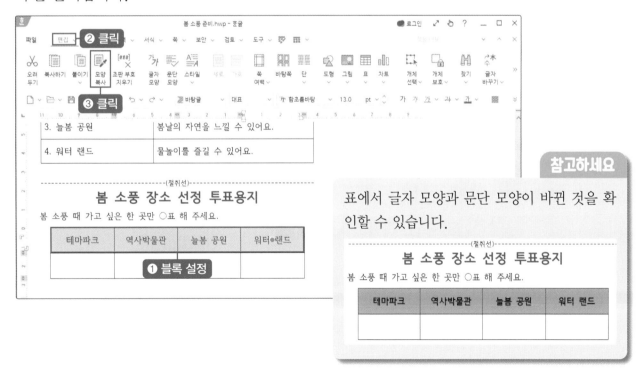

참고하세요

표에서 글자 모양과 문단 모양이 바뀐 것을 확인할 수 있습니다.

------------------------------(절취선)------------------------------
봄 소풍 장소 선정 투표용지
봄 소풍 때 가고 싶은 한 곳만 ○표 해 주세요.

테마파크	역사박물관	늘봄 공원	워터 랜드

1 **❶** '봄 소풍 장소 선정'을 드래그하여 블록으로 설정하고 **❷** [편집] 탭에서 **❸** '글자 모양'을 클릭합니다. '글자 모양' 대화 상자가 나타나면 **❹** '글꼴'을 '양재블럭체'로 선택하고 **❺** [설정]을 클릭합니다.

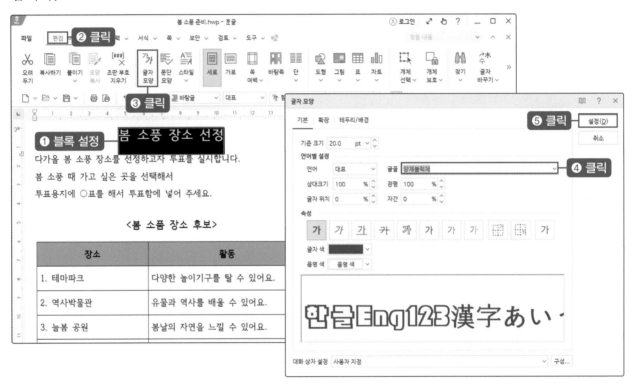

2 **❶** '봄 소풍 장소 선정' 글자 앞에 커서를 두고 **❷** [서식] 탭의 ∨를 눌러 **❸** '스타일'을 클릭합니다.

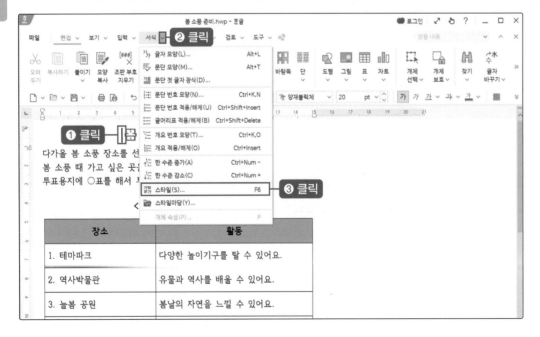

3 '스타일' 대화 상자가 나타나면 ❶ '스타일 추가하기'를 클릭합니다. ❷ '스타일 추가하기' 대화 상자가 나타나면 '스타일 이름'은 "제목"으로 입력하고 ❸ [추가]를 클릭한 뒤 ❹ '스타일 추가하기' 대화 상자를 닫습니다.

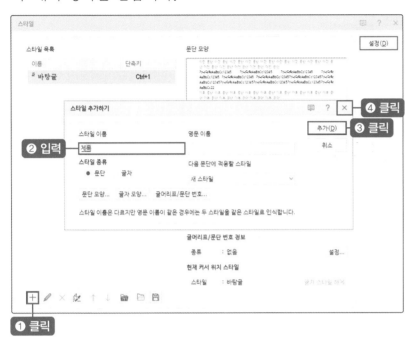

4 ❶ '스타일' 대화 상자의 '스타일 목록'에 추가한 '제목'을 확인할 수 있습니다. ❷ [설정]을 클릭하여 '스타일' 대화 상자를 닫습니다.

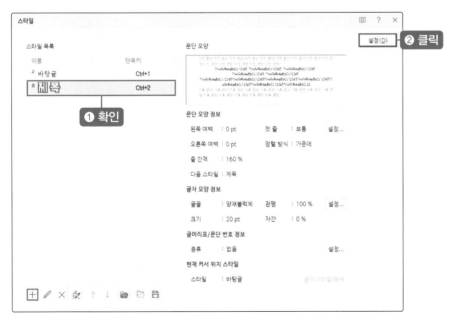

5 ❶ '제목' 스타일을 적용할 문단을 블록으로 설정하고 ❷ [서식] 탭을 클릭하여 도구 상자가 나타나면 '스타일' 목록의 ❸ '제목'을 클릭합니다.

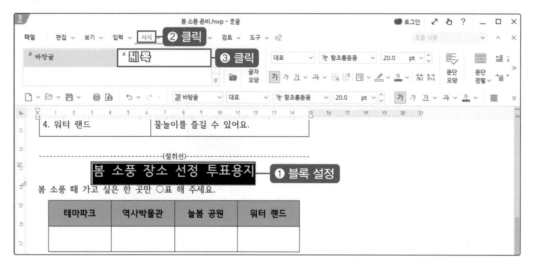

6 모양 복사와 마찬가지로 글자 모양과 문단 모양이 변경되는 것을 확인할 수 있습니다.

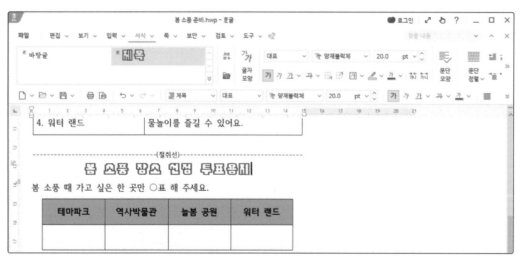

7 스타일을 변경하기 위해 ❶ [서식] 탭의 ∨를 눌러 ❷ '스타일'을 클릭합니다.

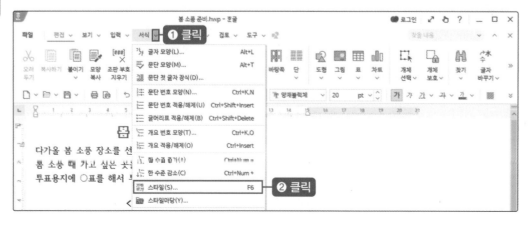

8 '스타일' 대화 상자가 나타나면 '스타일 목록'에서 ❶ '제목'을 선택하고 ❷ '스타일 편집하기'를 클릭합니다. '스타일 편집하기' 대화 상자가 나타나면 ❸ '글자 모양'을 클릭합니다.

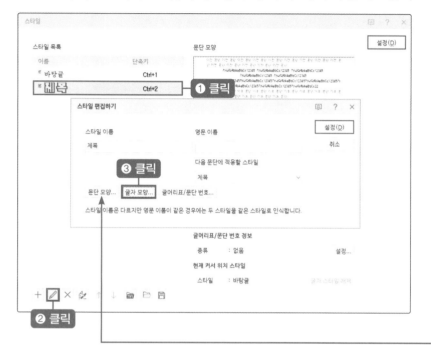

참고하세요

스타일 변경은 '문자 모양'도 가능합니다.

9 '글자 모양' 대화 상자가 나타나면 ❶ '글꼴'을 '양재샤넬체M'으로 변경하고 ❷ [설정]을 클릭합니다.

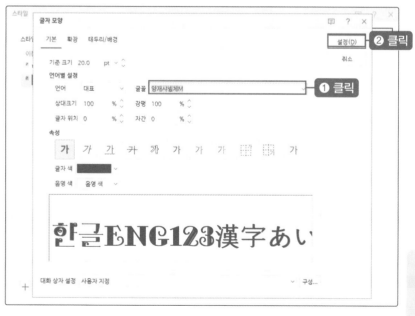

참고하세요

'글자 모양' 대화 상자에서 '글꼴' 뿐만 아니라 '크기', '속성' 등 다양하게 변경할 수 있습니다.

10 '스타일 편집하기' 대화 상자를 닫기 위해 ❶ [설정]을 클릭합니다. '스타일' 대화 상자를 닫기 위해 ❷ [설정]을 한 번 더 클릭합니다.

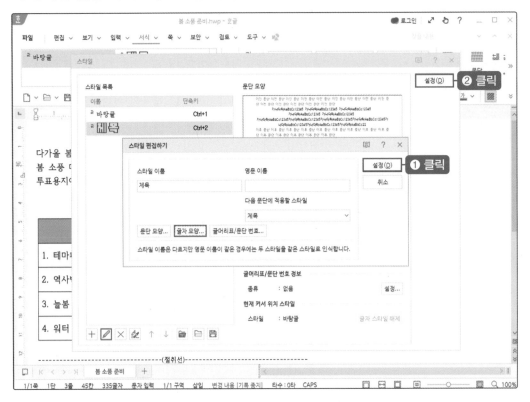

11 스타일의 '제목'으로 설정한 두 곳의 글꼴이 동시에 변경된 것을 확인할 수 있습니다.

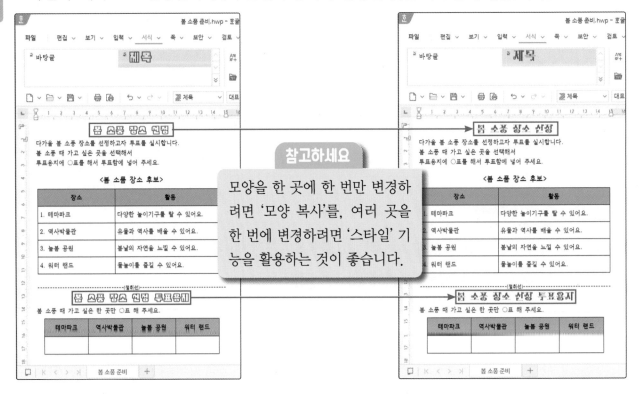

참고하세요

모양을 한 곳에 한 번만 변경하려면 '모양 복사'를, 여러 곳을 한 번에 변경하려면 '스타일' 기능을 활용하는 것이 좋습니다.

1 '텃밭 분양 준비.hwp' 파일(아래 왼쪽)에서 '모양 복사' 기능을 활용하여 아래 오른쪽의 문서와 같이 완성해 보세요.

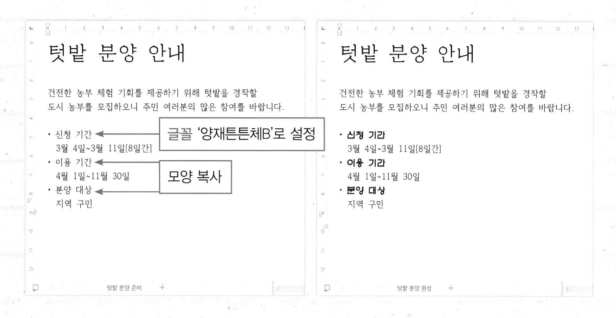

2 앞에서 작성한 문서에서 '분양 장소'와 '분양 가격'에 대한 내용을 추가로 입력하고 '스타일' 기능을 활용하여 다음과 같이 문서를 완성해 보세요.

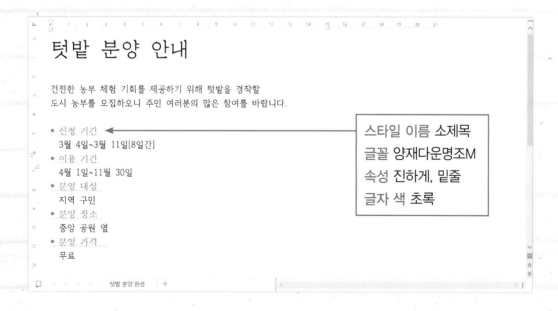

문서마당과 인쇄하기

문서마당은 자주 사용하는 문서를 서식 파일로 미리 만들어 놓고 필요할 때마다 불러와 문서를 빠르고 편리하게 완성할 수 있는 기능입니다. 작성한 문서는 프린터를 이용해 인쇄할 수 있습니다.

➡➡ 문서마당에서 제공되는 서식 파일을 불러와 문서를 작성해 봅니다.

➡➡ 작성한 문서를 인쇄해 봅니다.

배울 내용 미리 보기

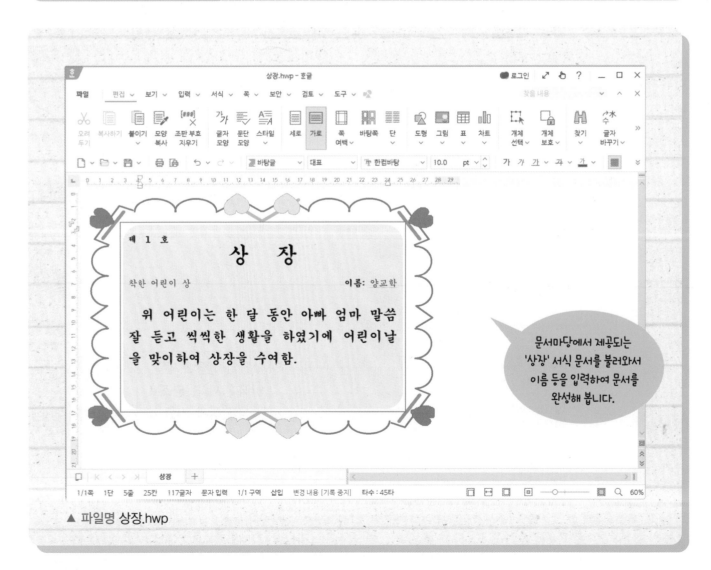

문서마당에서 제공되는 '상장' 서식 문서를 불러와서 이름 등을 입력하여 문서를 완성해 봅니다.

▲ 파일명 상장.hwp

① 문서마당 편집하기

1 빈 문서에서 ❶ [파일] 탭의 ❷ '문서마당'을 클릭합니다.

2 '문서마당' 대화 상자가 나타나면 ❶ [문서마당 꾸러미] 탭을 클릭하고 ❷ '가정 문서'의 ❸ '상장'을 선택한 후 ❹ [열기]를 클릭합니다.

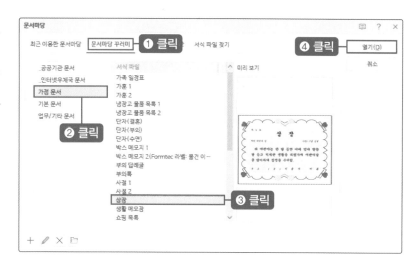

3 '상장' 서식 파일이 나타나면 ❶ '이름' 옆의 빨간 글자를 클릭합니다.

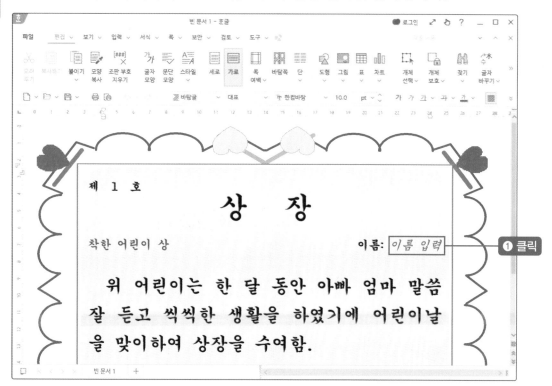

4 상장의 이름 부분에 다음과 같이 이름을 입력합니다.

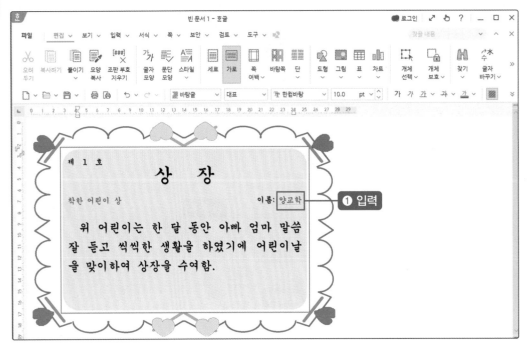

5 문서를 저장하기 위해 ❶ [파일] 탭을 클릭하여 ❷ '다른 이름으로 저장하기'를 클릭합니다.

참고하세요

작성한 문서를 파일로 처음 저장하고자 할 때는 '저장하기'와 '다른 이름으로 저장하기' 모두 사용 가능합니다.

6 [다른 이름으로 저장하기] 대화 상자가 나타나면 ❶ '문서' 폴더에 ❷ 파일 이름을 "상장"으로 입력한 후 ❸ [저장]을 클릭합니다.

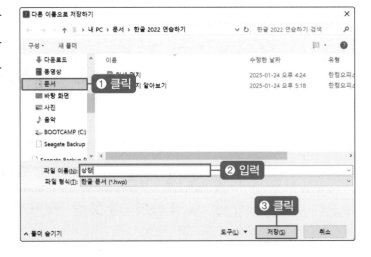

② 문서 미리 보고 인쇄하기

1 서식 도구 상자의 ❶ '미리 보기'를 클릭합니다.

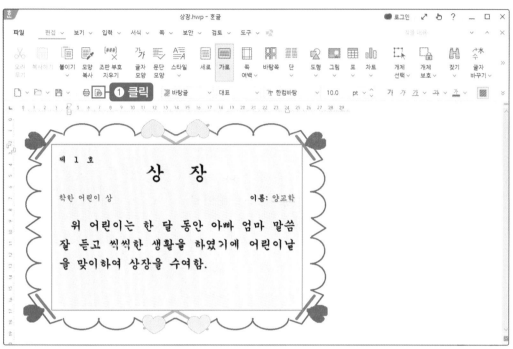

2 인쇄될 문서의 모양을 화면으로 미리 볼 수 있습니다.

3 인쇄를 하기 위해 '미리 보기' 대화 상자에서 ❶ '인쇄'를 클릭합니다.

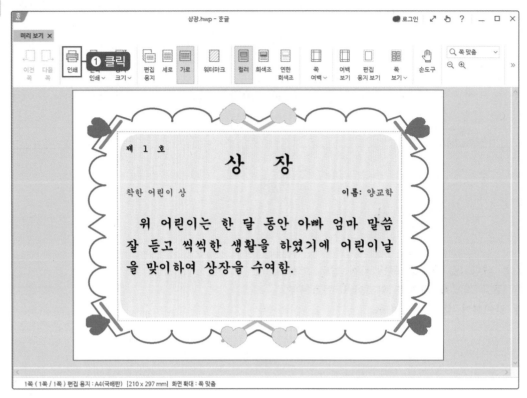

4 '인쇄' 대화 상자가 나타나면 ❶ '프린터 선택'에서 실제 설치된 프린터를 선택한 후 ❷ [인쇄]를 클릭합니다.

1 인쇄 범위
- 모두 : 해당 파일의 모든 쪽 인쇄
- 현재 쪽 : 커서가 있는 쪽만 인쇄
- 현재까지 : 커서가 있는 쪽까지 인쇄
- 현재 구역 : 커서가 있는 구역만 인쇄
- 현재부터 : 커서가 있는 쪽부터 끝까지 인쇄
- 일부분 : 쪽의 일부분만 인쇄

예) 1, 3으로 입력하면 : 1쪽과 3쪽만 인쇄
    5-7로 입력하면 : 5쪽에서 7쪽까지 인쇄

2 인쇄 매수
여러 장을 인쇄하고자 할 때는 희망하는 매수를 입력합니다. '한 부씩 인쇄'를 선택하면 여러 장을 인쇄할 때 1-2-3, 1-2-3쪽의 순으로 인쇄합니다.

3 인쇄 방식
'기본 인쇄'의 '자동 인쇄'를 선택하면 작성한 문서를 종이에 한 장씩 인쇄합니다.

1 새 문서에서 다음과 같이 전하고 싶은 글을 입력하여 문서를 완성하고 인쇄해 보세요.

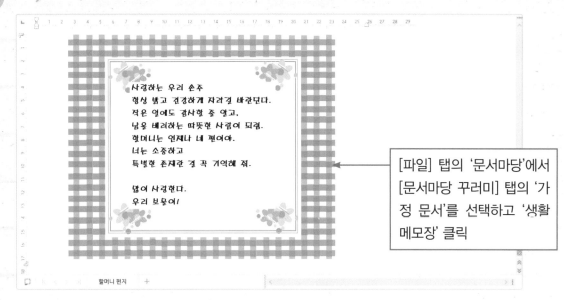

[파일] 탭의 '문서마당'에서 [문서마당 꾸러미] 탭의 '가정 문서'를 선택하고 '생활 메모장' 클릭

2 새 문서에서 구입한 쇼핑 목록을 입력하여 다음과 같이 문서를 완성하고 인쇄해 보세요.

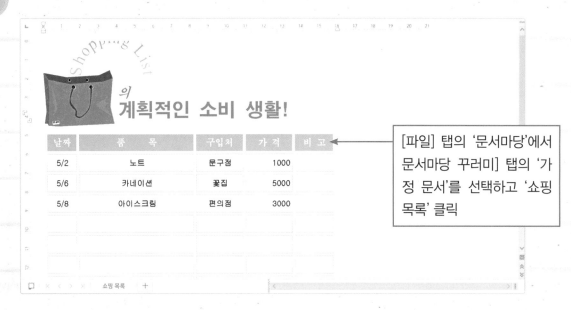

[파일] 탭의 '문서마당'에서 문서마당 꾸러미] 탭의 '가정 문서'를 선택하고 '쇼핑 목록' 클릭

그리기마당으로 꾸미기

그리기마당은 그림, 공유 클립아트 등의 개체를 미리 등록해 놓고, 필요할 때마다 불러와 원하는 그림을 쉽고 빠르게 그릴 수 있는 기능입니다. 또한 삽입한 개체는 복사, 이동 등 여러 방식으로 편집하여 사용할 수 있습니다.

➤➤ 그리기마당의 개체를 삽입하고 내용을 입력해 봅니다.

➤➤ 개체를 분리해서 다양하게 편집해 봅니다.

배울 내용 미리 보기

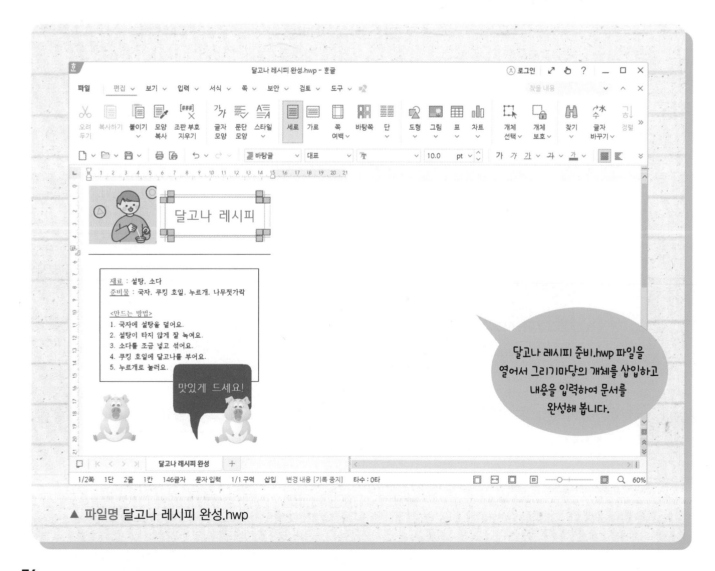

▲ 파일명 달고나 레시피 완성.hwp

1 개체 삽입하고 내용 입력하기

1 '달고나 레시피 준비.hwp' 파일에서 ❶ [입력] 탭의 ∨를 눌러 ❷ '그림'의 ❸ [그리기마당]을 선택합니다.

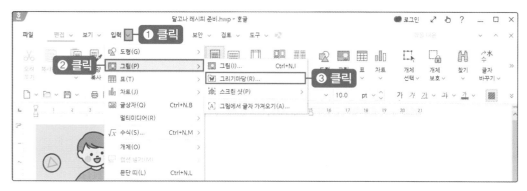

2 [그리기마당]의 대화 상자가 나타나면 ❶ [그리기 조각] 탭에서 ❷ '설명상자(제목상자)'의 ❸ '제목상자05'을 선택하고 ❹ [넣기]를 클릭합니다.

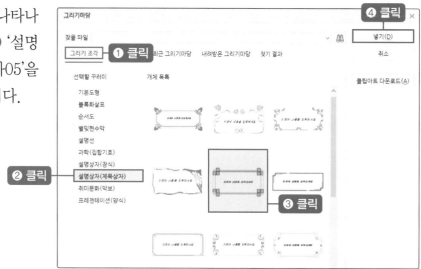

3 마우스 모양이 '+'로 바뀌면 ❶ 마우스로 드래그하여 크기를 조절하면서 개체를 다음과 같은 위치에 삽입합니다.

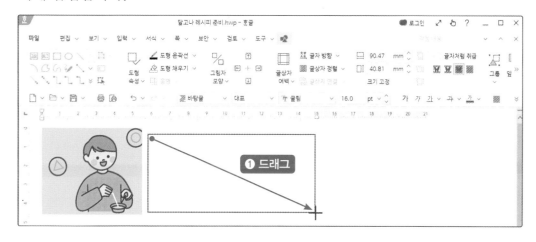

4 개체가 삽입되면 ❶ 빈 곳을 클릭하여 선택을 해제합니다.

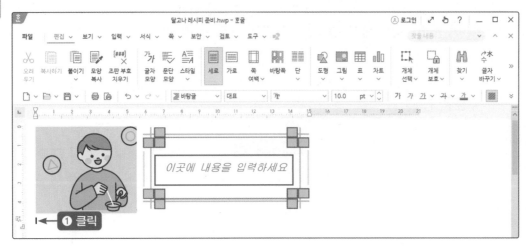

5 제목상자의 ❶ '이곳에 내용을 입력하세요'를 클릭하면 누름틀(「」)이 생깁니다. 누름틀 안에 ❷ "달고나 레시피"라고 입력합니다.

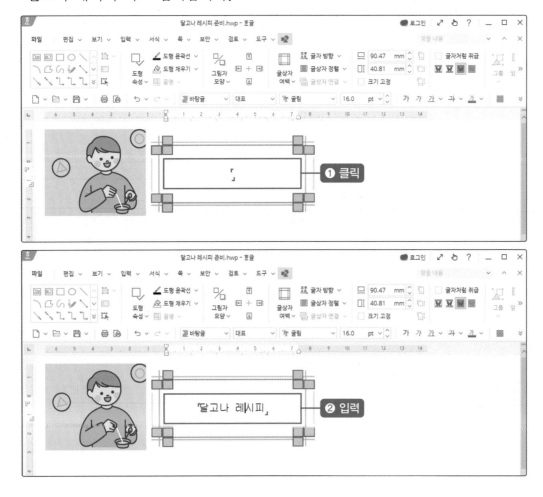

6 ❶ '달고나 레시피'를 드래그하여 블록으로 설정하고 ❷ '글꼴'을 '함초롬돋움', ❸ '글자 크기'는 '30pt', ❹ '글자 색'은 '빨강'으로 지정합니다.

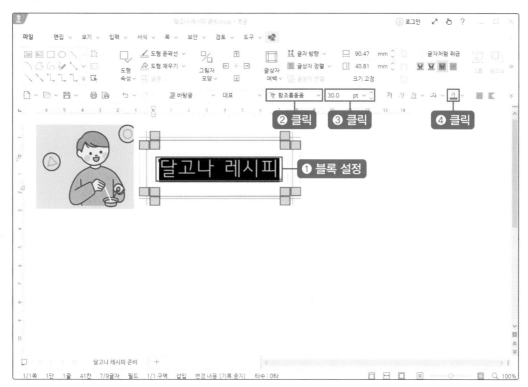

7 다른 개체를 삽입하기 위해 [입력] 탭의 ∨를 눌러 [그림]의 [그리기마당]을 클릭합니다. [그리기마당]의 대화 상자가 나타나면 ❶ [그리기 조각] 탭의 ❷ '설명선'에서 ❸ '설명선1'을 선택하고 ❹ [넣기]를 클릭합니다.

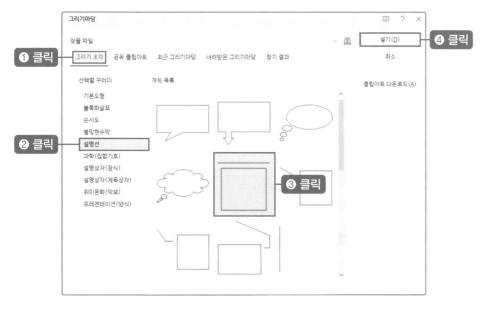

8 마우스 모양이 '+'로 바뀌면 마우스로 드래그하여 크기를 조절하면서 개체를 다음과 같은 위치에 삽입합니다. 개체가 삽입되면 빈 곳을 클릭하여 선택을 해제합니다.

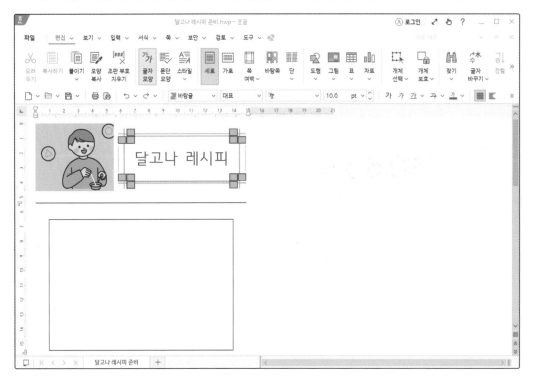

9 '설명선1'의 가운데 부분을 클릭하여 다음과 같이 내용을 입력하고 글자 모양을 설정합니다.

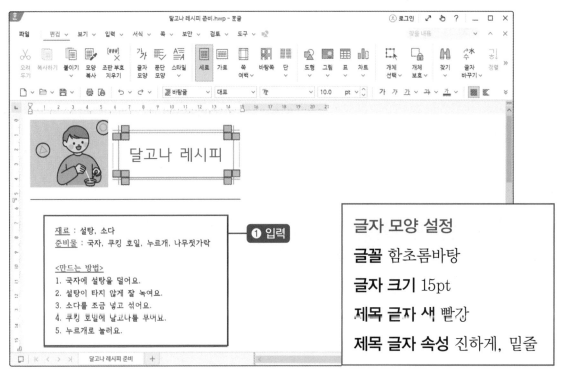

개체 분리하여 편집하기

1 [입력] 탭에서 '그림'의 ∨를 클릭해서 [그리기마당]을 선택합니다. [그리기마당]의 대화 상자가 나타나면 '그리기 조각'의 ❶ '설명상자(장식)'에서 ❷ '말풍선 09'를 선택하고 ❸ [넣기]를 클릭합니다.

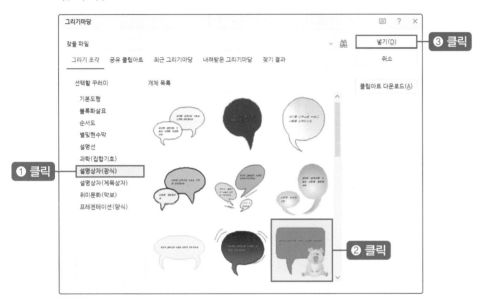

2 마우스 모양이 '+'로 바뀌면 마우스로 드래그하여 크기를 조절하면서 개체를 다음과 같은 위치에 삽입합니다.

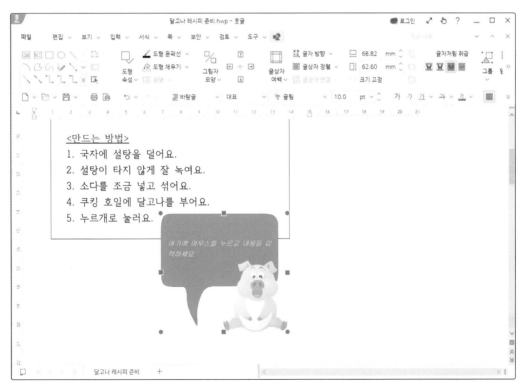

3 ❶ '말풍선 09'가 선택된 상태를 유지하면서 ❷ [도형] 탭의 ❸ '그룹'을 클릭하여 ❹ '개체 풀기'를 선택합니다.

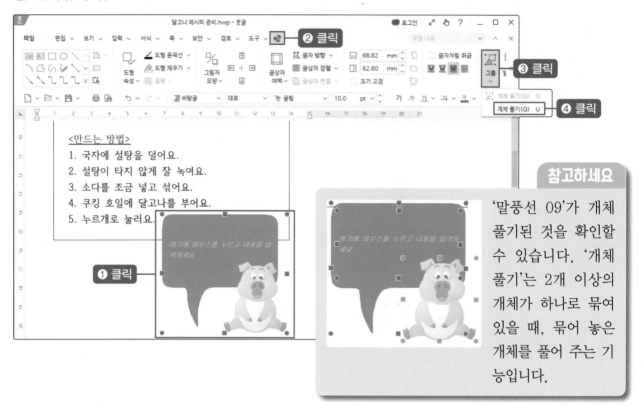

참고하세요

'말풍선 09'가 개체 풀기된 것을 확인할 수 있습니다. '개체 풀기'는 2개 이상의 개체가 하나로 묶여 있을 때, 묶어 놓은 개체를 풀어 주는 기능입니다.

4 빈 곳을 클릭해서 '말풍선 09'의 모든 개체 선택을 해제한 뒤, ❶ '돼지' 그림만 선택하고 ❷ [편집] 탭에서 ❸ '복사하기'를 선택합니다.

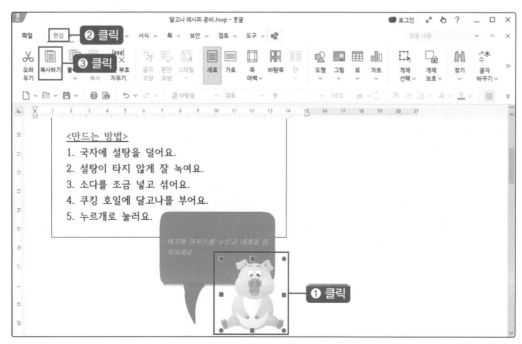

5 ❶ [편집] 탭에서 ❷ '붙이기'를 선택하면 다음과 같이 '돼지' 그림이 하나 더 생깁니다.

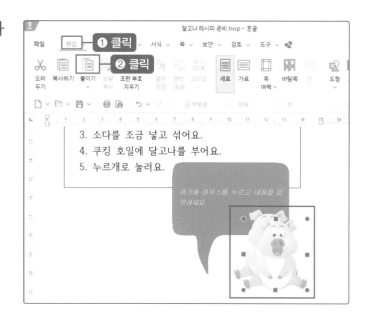

6 ❶ 복사한 '돼지' 그림을 왼쪽으로 드래그하여 다음과 같이 이동합니다.

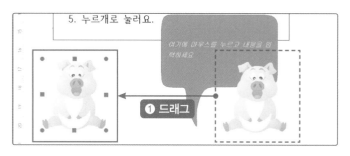

7 '말풍선 09'의 '이곳에 내용을 입력하세요'를 클릭하면 누름틀(「」)이 생깁니다. 누름틀 안에 ❶ "맛있게 드세요!"라고 입력하고 ❷ 다음과 같이 글자 모양을 설정합니다.

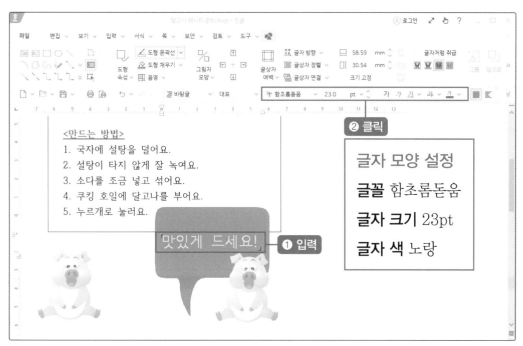

8 '말풍선 09'에서 ❶ 말풍선 개체만 선택하고 ❷ [서식] 탭의 ∨를 눌러 ❸ '개체 속성'을 클릭합니다.

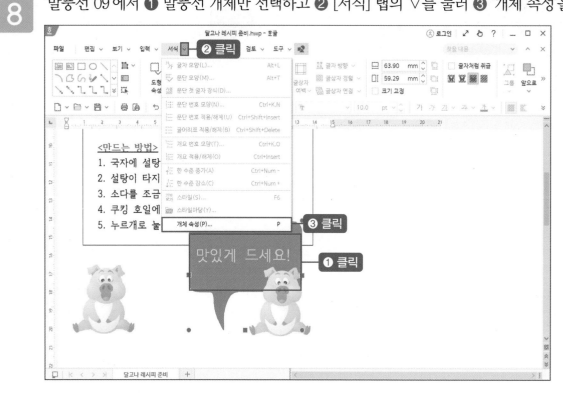

9 '개체 속성'의 대화 상자가 나타나면 '채우기'의 '색'에서 ❶ 면 색을 '파랑'으로 선택하고 ❷ [설정]을 클릭합니다.

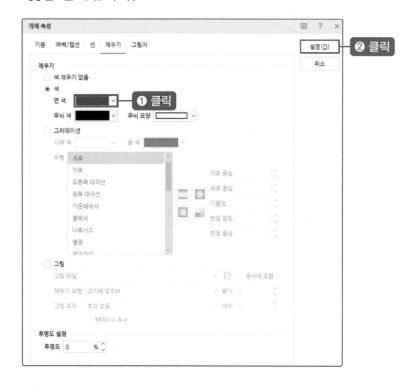

도전! 혼자 풀어 보세요!

1 새 문서에서 다음과 같이 내용을 입력하고 개체를 삽입하여 문서를 완성해 보세요.

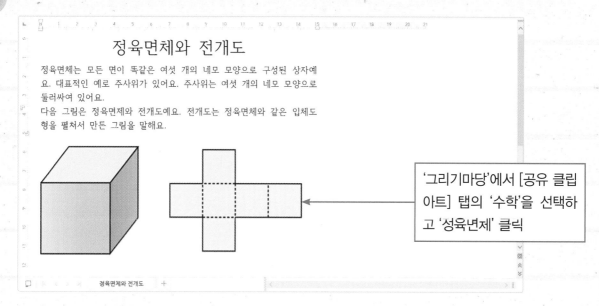

'그리기마당'에서 [공유 클립 아트] 탭의 '수학'을 선택하고 '성육면제' 클릭

2 새 문서에서 다음과 같이 내용을 입력하고 개체를 삽입하여 문서를 완성해 보세요.

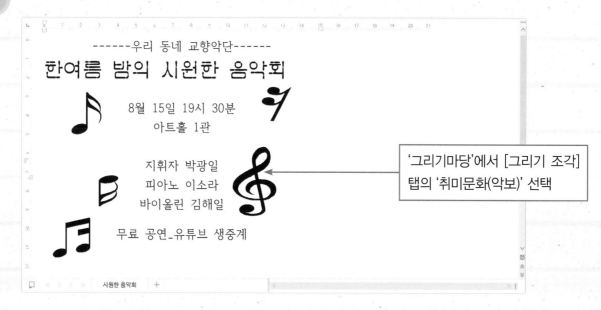

'그리기마당'에서 [그리기 조각] 탭의 '취미문화(악보)' 선택

그림 삽입과 속성 설정하기

문서에 그림을 삽입하고 그림 효과, 그림 밝기와 대비, 그림 자르기 등의 다양한 스타일을 적용할 수 있습니다. 삽입한 그림에 캡션을 입력하고 여백을 변경하여 보기 좋게 설정을 변경할 수 있습니다.

➼➼ 그림을 삽입하고 그림의 스타일을 설정해 봅니다.

➼➼ 그림에 캡션을 입력하고 여백을 변경하는 등 그림의 속성을 설정해 봅니다.

배울 내용 미리 보기

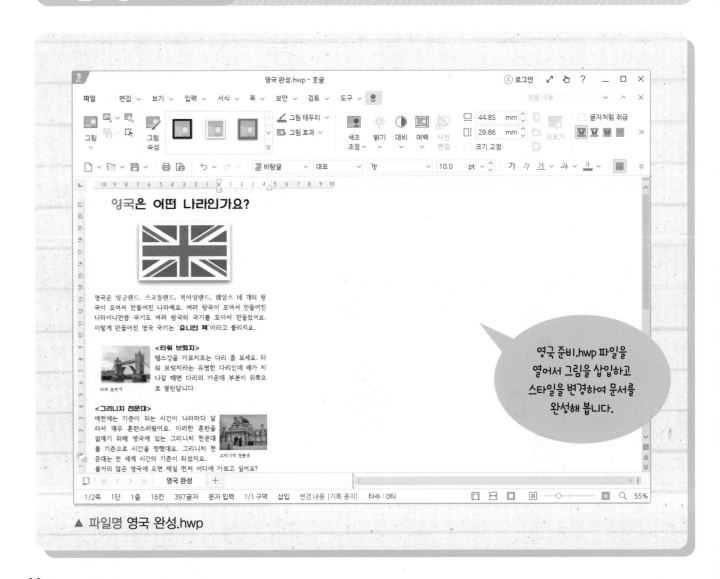

영국 준비.hwp 파일을 열어서 그림을 삽입하고 스타일을 변경하여 문서를 완성해 봅니다.

▲ 파일명 영국 완성.hwp

1 그림 삽입과 스타일 설정하기

1 '영국 준비.hwp' 파일에서 다음과 같이 ❶ 커서를 위치시키고 ❷ [입력] 탭의 ❸ '그림'을 클릭합니다.

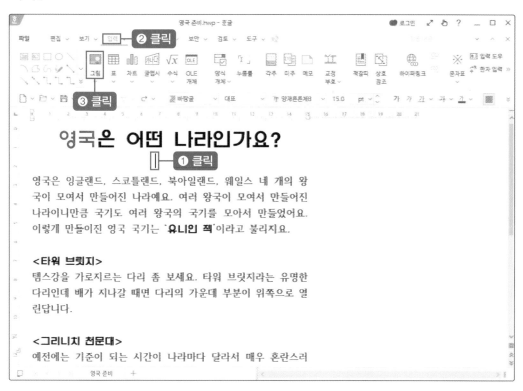

2 [그림 넣기] 대화 상자가 나타나면 그림 파일이 있는 폴더를 선택합니다. ❶ '영국 국기'를 선택한 후 ❷ '문서에 포함'과 '마우스로 크기 지정'에 체크하고 ❸ [열기]를 클릭합니다.

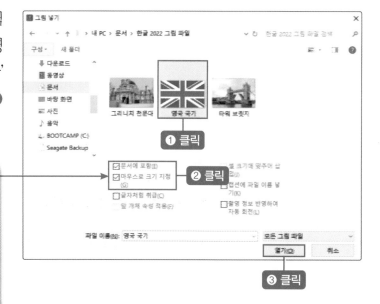

참고하세요

문서에 포함 이 항목을 선택하지 않으면 다른 컴퓨터에서 문서를 열었을 때 그림이 표시되지 않습니다. 꼭 체크해야 합니다.
마우스로 크기 지정 그림의 크기를 마우스로 드래그하여 정하면서 삽입하려면 이 항목을 선택해야 합니다.

3 마우스 모양이 '+'로 바뀌면 그림을 드래그하여 다음과 같이 삽입합니다. 그림과 본문의 배치를
바꾸기 위해 ❶ 그림을 클릭한 후 ❷ [그림] 탭의 ❸ '자리 차지'를 선택합니다.

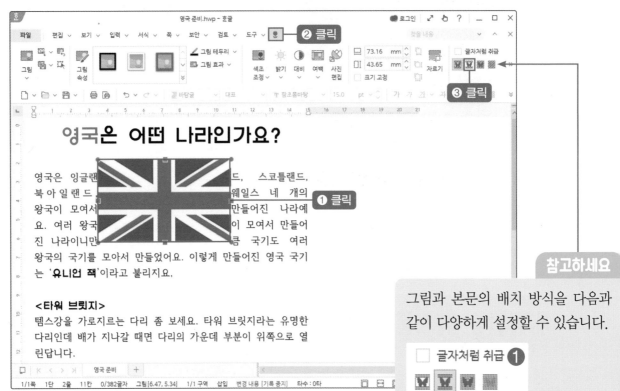

참고하세요

그림과 본문의 배치 방식을 다음과
같이 다양하게 설정할 수 있습니다.

☐ 글자처럼 취급 ❶

❷ ❸ ❹ ❺

❶ 글자처럼 취급 그림을 글자처럼 취급
하여 현재 커서 위치에 배치됩니다. 본문
의 내용이 수정되면 그림의 위치도 수정
됩니다.

❷ 어울림 그림의 위치에 따라 글자가 그
림의 오른쪽 또는 왼쪽에 배치됩니다.

❸ 자리 차지 그림의 높이만큼 줄을 차지
합니다. 이 항목이 설정되면 그림이 차지
하고 있는 영역에는 본문의 내용이 올 수
없습니다.

❹ 글 앞으로 그림이 글자 앞에 배치됩
니다.

❺ 글 뒤로 그림이 글자 뒤에 배치됩니다.

참고하세요

삽입한 그림이 ⊠처럼 표시된다면 ❶ [보기] 탭의 ❷
'그림'을 선택하면 그림이 보입니다.

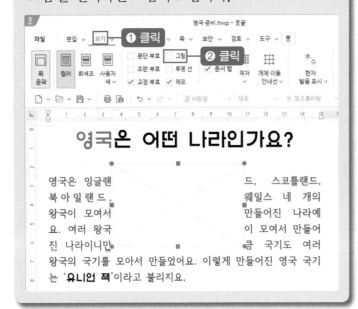

4 ❶ 그림을 클릭한 후 ❷ [그림] 탭에서 '그림 스타일'의 ˅를 클릭하고 ❸ '회색 아래쪽 그림자'를 선택합니다.

5 '영국 국기' 그림을 삽입한 것과 같은 방법으로 '타워 브릿지' 그림 파일을 선택하고 마우스 모양이 '+'로 바뀌면 ❶ 드래그하여 그림의 크기를 조절하면서 삽입합니다.

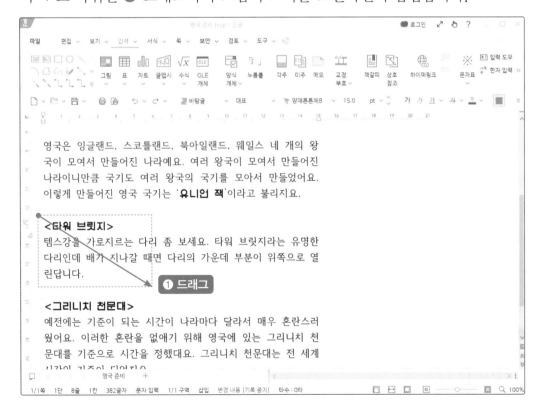

6 ❶ '타워 브릿지' 그림을 선택한 후 ❷ [그림] 탭에서 ❸ '본문과의 배치'를 '어울림'으로 선택합니다. '타워 브릿지' 그림에서 불필요한 부분을 잘라내기 위해 ❹ '자르기'를 클릭합니다.

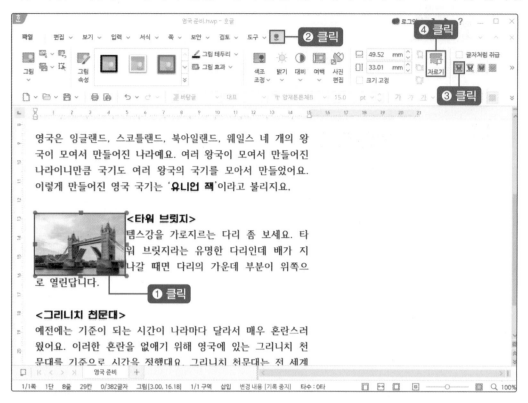

7 '타워 브릿지' 그림의 테두리에 조절점이 나타납니다. ❶ 조절점을 드래그하여 필요한 부분만 남깁니다.

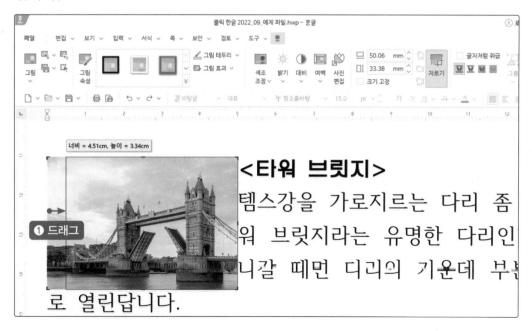

8 ❶ '타워 브릿지' 그림을 선택한 후 ❷ [그림] 탭의 ❸ '그림 효과'에서 ❹ '옅은 테두리'를 클릭한 후 ❺ '5pt'를 선택합니다.

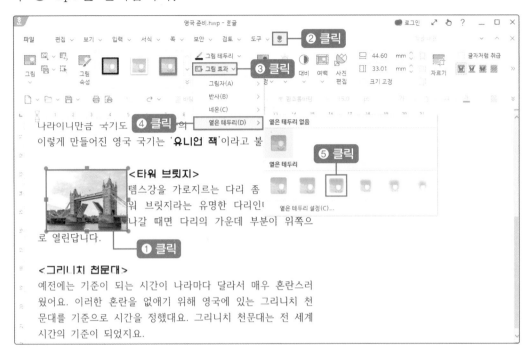

9 '그리니치 천문대' 그림을 같은 방법으로 다음과 같이 삽입합니다. ❶ '그리니지 천문대' 그림을 선택한 후 ❷ [그림] 탭에서 ❸ '본문과의 배치'가 '어울림'으로 선택되어 있는지 확인합니다.

10 ❶ '그리니치 천문대' 그림 파일을 선택하고 ❷ 드래그하여 문단의 오른쪽 끝으로 위치를 이동합니다.

11 ❶ '그리니치 천문대' 그림이 선택된 상태를 유지하면서 ❷ [그림] 탭의 ❸ '그림 효과'에서 ❹ '그림자'를 선택한 후 ❺ 안쪽의 '가운데'를 클릭합니다.

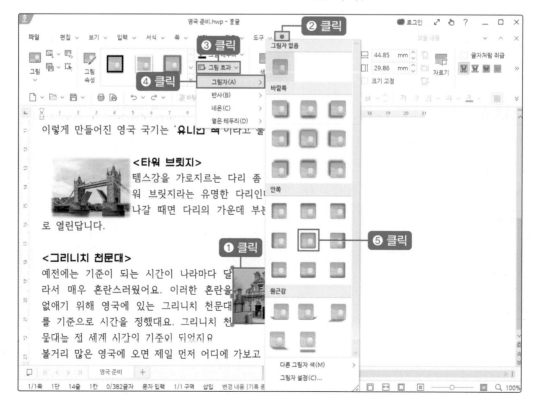

그림 속성 설정하기

1 ❶ '타워 브릿지' 그림을 선택한 후 ❷ [그림] 탭의 ❸ '그림 속성'을 클릭합니다.

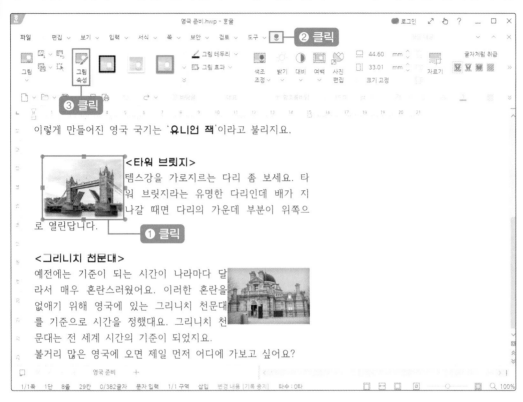

2 [개체 속성] 대화 상자가 나타나면 ❶ [여백/캡션] 탭에서 '바깥 여백'의 ❷ '오른쪽' 여백을 "3.00mm"로 입력합니다. '캡션'에서 ❸ '아래'를 선택하고 ❹ [설정]을 클릭합니다.

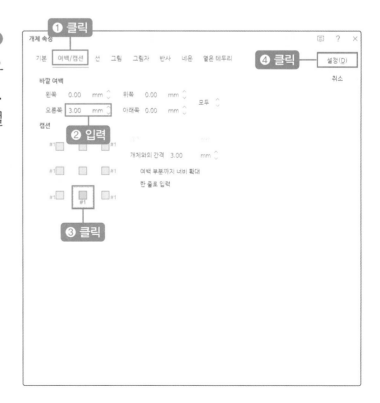

3 그림 아래에 캡션 번호가 자동으로 삽입됩니다. 그림 번호를 삭제하기 위해 ❶ '그림 2'를 드래그한 후 Delete 키를 눌러 삭제합니다.

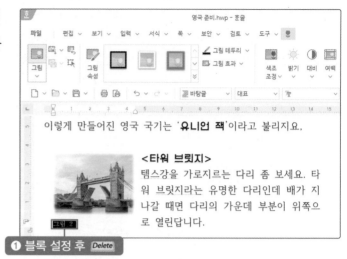

4 그림 캡션에 ❶ "타워 브릿지"를 입력합니다.

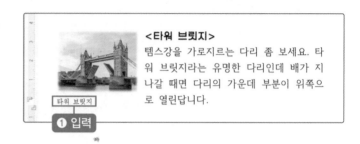

5 '그리니치 천문대' 그림을 선택하고 [그림 속성] 대화 상자에서 ❶ [여백/캡션] 탭에서 '바깥 여백'의 ❷ '왼쪽' 여백을 "3.00mm"로 입력합니다. '캡션'에서 ❸ '아래'를 선택하고 ❹ [설정]을 클릭합니다.

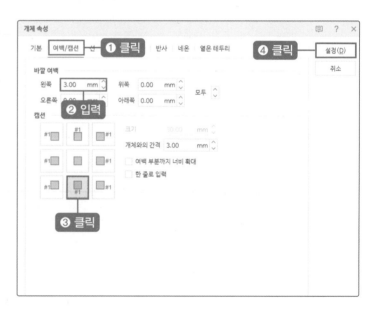

6 그림 아래 자동으로 삽입된 캡션 번호를 삭제한 뒤 ❶ "그리니치 천문대"를 입력합니다.

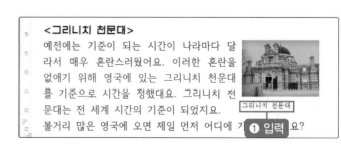

1 '시화전 준비.hwp' 파일에 '강변' 그림 파일을 삽입하여 문서를 완성해 보세요.

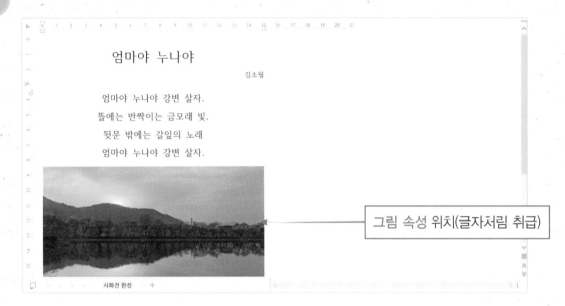

그림 속성 위치(글자처럼 취급)

2 '축제 포스터 준비.hwp' 파일에 '개나리' 그림 파일을 삽입하여 문서를 완성해 보세요.

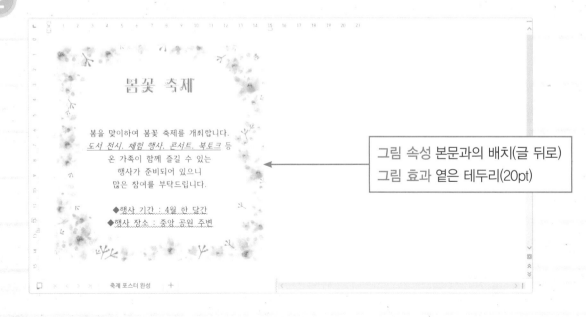

그림 속성 본문과의 배치(글 뒤로)
그림 효과 옅은 테두리(20pt)

보기 좋게 사진 편집하기

한글 2022에서는 간단한 방법으로 사진의 색상을 바꾸거나 중요한 부분만 잘 보이게 하거나 사진의 각도를 조절하여 수평을 맞추는 등의 사진 편집을 할 수 있습니다.

➤➤ 사진의 색상을 보정해 봅니다.

➤➤ 아웃포커싱 기능으로 피사체를 돋보이게 해 봅니다.

➤➤ 기울어진 사진의 각도를 수평으로 조절해 봅니다.

배울 내용 미리 보기

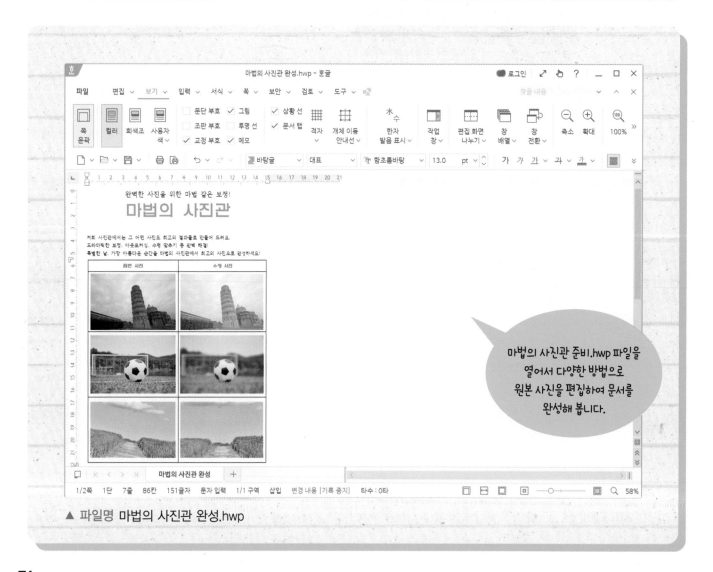

마법의 사진관 준비.hwp 파일을 열어서 다양한 방법으로 원본 사진을 편집하여 문서를 완성해 봅니다.

▲ 파일명 마법의 사진관 완성.hwp

1 사진 색상 보정하기

1 '마법의 사진관 준비.hwp' 파일에서 **①** 다음과 같이 해당 그림을 선택합니다. **②** [그림] 탭의 **③** '사진 편집'을 클릭합니다.

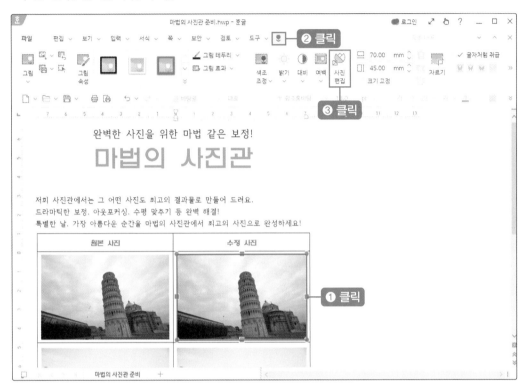

2 [사진 편집기] 대화 상자가 나타나면 **①** [간편 보정] 탭에서 **②** '밝게'를 클릭하고 **③** 단계를 '5단 계'로 선택합니다.

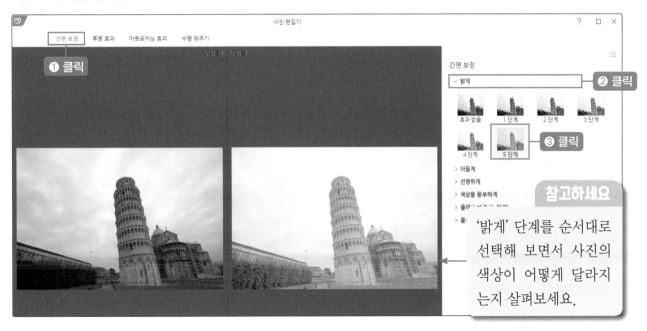

참고하세요

'밝게' 단계를 순서대로 선택해 보면서 사진의 색상이 어떻게 달라지 는지 살펴보세요.

3 ❶ '선명하게'를 클릭하고 ❷ 단계를 '4단계'로 선택합니다.

4 ❶ '색상을 풍부하게'를 클릭하고 ❷ 단계를 '4단계'로 선택한 후 ❸ [적용]을 클릭합니다.

② 중요한 부분만 선명하게 하기

1 ❶ 다음과 같이 해당 그림을 선택하고 ❷ [그림] 탭의 ❸ '사진 편집'을 클릭합니다.

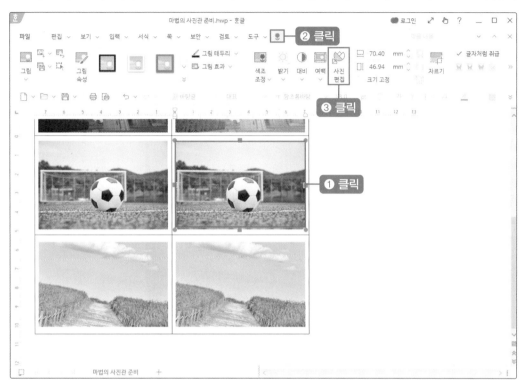

2 [사진 편집기] 대화 상자가 나타나면 ❶ [아웃포커싱 효과] 탭을 클릭하고 ❷ '포커스 모양'을 '타원'으로 선택합니다.

3 ❶ '포커스 크기'에 "30"을 입력하고 ❷ 마우스를 드래그하여 축구공이 가운데 오도록 포커스 모양을 위치시킵니다.

4 ❶ '흐림 강도'에 "100"을 입력하고 ❷ [적용]을 클릭합니다.

참고하세요

슬라이더를 드래그하여 포커스 크기/흐림 강도를 설정할 수 있습니다.

③ 수평 조절하기

1 ❶ 다음과 같이 해당 그림을 선택하고 ❷ [그림] 탭의 ❸ '사진 편집'을 클릭합니다.

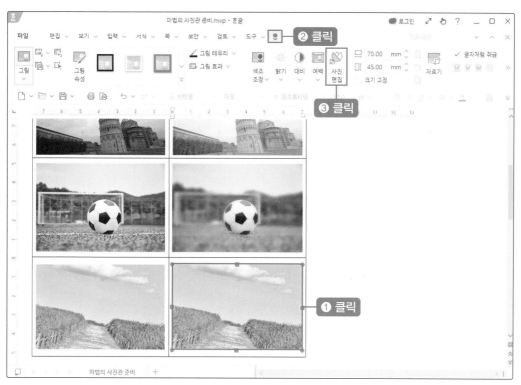

2 [사진 편집기]의 대화 상자가 나타나면 ❶ [수평 맞추기] 탭을 클릭합니다.

3 수평을 맞추기 위해 ❶ 마우스를 위아래로 드래그하여 수평을 맞추고 ❷ [적용]을 클릭합니다.

4 사진의 수평이 맞춰진 것을 확인할 수 있습니다.

1 '영국 사진 준비.hwp' 파일에서 사진을 밝게 편집해 보세요.

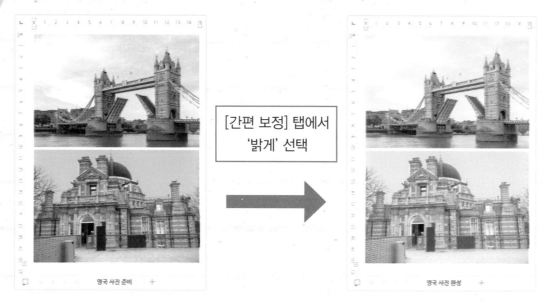

[간편 보정] 탭에서 '밝게' 선택

2 '영국 국기 준비.hwp' 파일에서 아웃포커싱 효과를 활용하여 그림을 편집해 보세요.

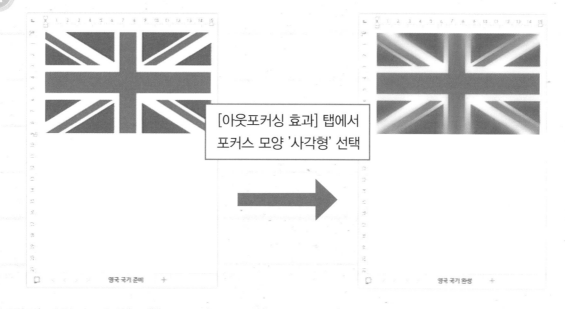

[아웃포커싱 효과] 탭에서 포커스 모양 '사각형' 선택

글상자 활용하기

글상자를 활용하여 그림이나 도형 위에 글자를 입력할 수 있습니다. 더불어 도형의 속성을 활용하면 글상자를 꾸밀 수 있습니다.

▶▶ 글상자를 활용하여 글자를 입력하고 글자 모양과 문단 모양을 설정해 봅니다.

▶▶ 도형 속성을 활용하여 글상자의 테두리와 바탕색을 설정해 봅니다.

생신 축하 준비.hwp 파일에
글상자를 삽입해서 글자를 입력하고
글상자의 테두리와 배경을 꾸며
문서를 완성해 봅니다.

▲ 파일명 생신 축하 완성.hwp

1 글상자에 글자 입력하기

1 '생신 축한 준비.hwp' 파일에서 ❶ [입력] 탭의 ❷ '가로 글상자'를 클릭한 후 마우스 모양이 '+'로 바뀌면 다음과 같이 ❸ 대각선 방향으로 드래그하여 글상자를 삽입합니다.

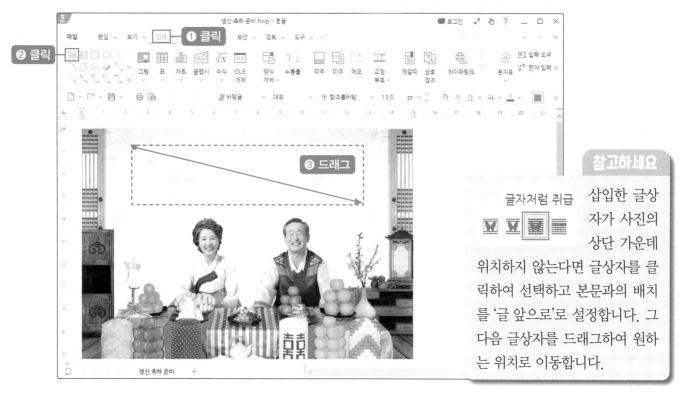

참고하세요

글자처럼 취급 삽입한 글상자가 사진의 상단 가운데 위치하지 않는다면 글상자를 클릭하여 선택하고 본문과의 배치를 '글 앞으로'로 설정합니다. 그 다음 글상자를 드래그하여 원하는 위치로 이동합니다.

2 글상자가 삽입되면 글상자 안에 커서가 깜박입니다. ❶ 글상자 안에 다음과 같이 글자와 특수문자를 입력합니다.

생신을 축하드려요!
♡오래오래 건강하세요♡

❶ 입력

참고하세요

글상자 안에 커서가 보이지 않으면 글상자를 클릭하여 선택하고 Enter 키를 누르면 커서가 글상자 안에서 깜박입니다.

3 입력한 글을 ❶ 드래그하여 블록으로 설정합니다.

4 ❶ '글자 모양'에서 '크기'는 '20pt', '글꼴'은 '양재인장체M', '속성'은 '진하게', '글자 색'은 '파랑'으로 하고 ❷ [설정]을 클릭합니다. ❸ '문단 모양'에서 '정렬 방식'은 '가운데 정렬', '줄 간격'은 '130%'로 하고 ❹ [설정]을 클릭합니다.

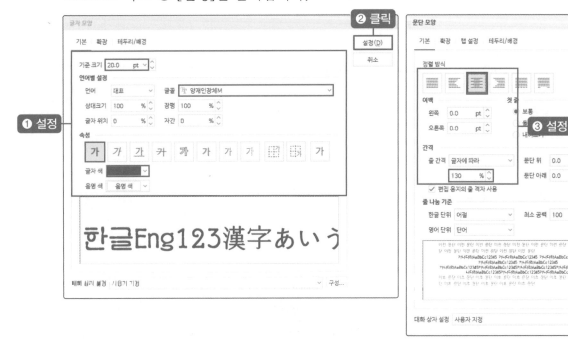

5 ❶ [입력] 탭의 ❷ '가로 글상자'를 클릭한 후 마우스 모양이 '+'로 바뀌면 다음과 같이 ❸ 대각선 방향으로 드래그하여 글상자를 삽입합니다.

6 ❶ 글상자에 다음과 같이 글자를 입력합니다.

7 입력한 글을 ❶ 드래그하여 블록으로 설정합니다.

8 ❶ '글자 모양'에서 '크기'는 '15pt', '글꼴'은 '양재인장체M', '글자 색'은 '노랑'으로 하고 ❷ [설정]을 클릭합니다. ❸ '문단 모양'에서 '정렬 방식'은 '오른쪽 정렬'로 하고 ❹ [설정]을 클릭합니다.

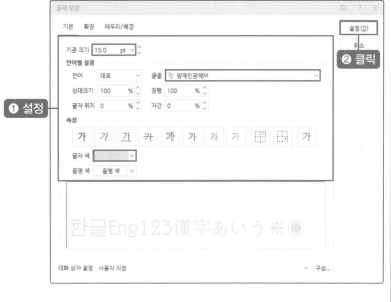

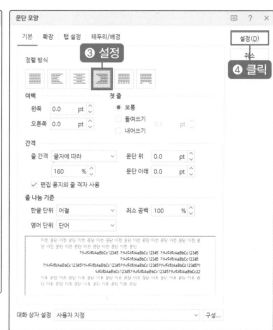

② 글상자 꾸미기

1 상단의 ❶ '글상자'를 선택한 후 ❷ [도형] 탭의 ❸ '도형 속성'을 클릭합니다.

2 '개체 속성' 대화 상자가 나타나면 ❶ [선] 탭의 ❷ '선 종류'에서 ∨를 클릭하여 ❸ '없음'으로 선택하고, ❹ [채우기] 탭에서 ❺ '색 채우기 없음'을 선택하고 ❻ [설정] 을 클릭합니다.

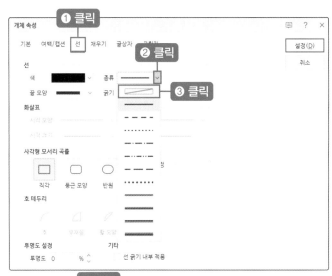

참고하세요

글상자의 테두리와 바탕색이 사라지면서 사진 위에 글자만 보이는 것을 확인할 수 있습니다.

3 하단의 ❶ '글상자'를 선택한 후 ❷ [도형] 탭의 ❸ '도형 속성'을 클릭합니다.

4 '개체 속성' 대화 상자가 나타나면 ❶ [선] 탭의 ❷ '선 종류'에서 ∨를 클릭하여 ❸ '없음'으로 선택하고, ❹ [채우기] 탭의 ❺ '면 색'에서 '파랑'을 선택하고 ❻ [설정]을 클릭합니다.

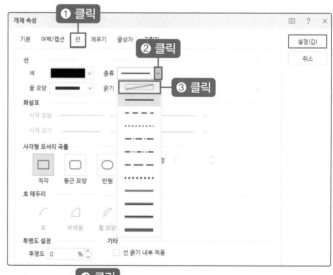

1 '동백꽃 준비.hwp' 파일에 글상자를 삽입하여 다음과 같이 문서를 완성해 보세요.

'가로 글상자' 삽입
선 종류 실선
채우기 면색-흰색

2 '독일 마을 준비.hwp' 파일에 글상자를 삽입하여 다음과 같이 문서를 완성해 보세요.

'가로 글상자' 삽입
선 종류 없음
채우기 색 채우기 없음

도형으로 그림 그리기

직선, 직사각형, 타원, 호, 다각형, 곡선, 자유선, 개체 연결선, 글상자 등 다양한 모양의 도형을 활용하여 그림을 그릴 수 있습니다.

➡➡ 다양한 도형을 그려 봅니다.

➡➡ 도형을 복사하여 붙여 넣거나 위치를 이동해 봅니다.

배울 내용 미리 보기

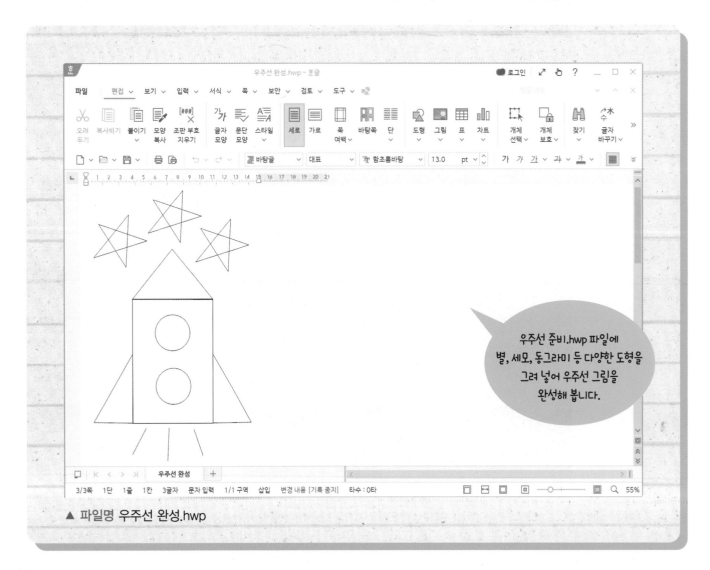

우주선 준비.hwp 파일에 별, 세모, 동그라미 등 다양한 도형을 그려 넣어 우주선 그림을 완성해 봅니다.

▲ 파일명 우주선 완성.hwp

① 도형 삽입하기

1 '우주선 준비.hwp' 파일에서 ❶ [입력] 탭의 ❷ '도형' 목록에서 '타원'을 선택한 후 ❸ 마우스 모양이 '+'로 바뀌면 드래그하여 '동그라미'를 삽입합니다.

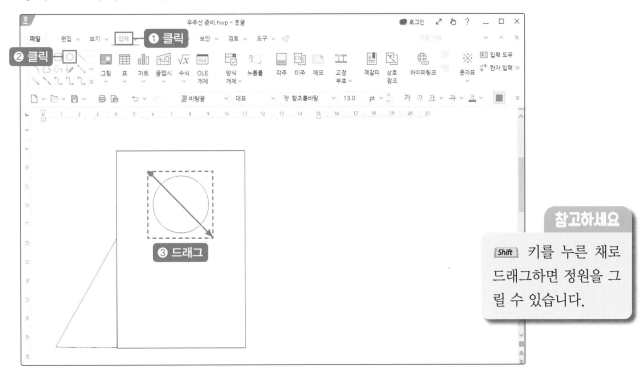

참고하세요

`Shift` 키를 누른 채로 드래그하면 정원을 그릴 수 있습니다.

2 ❶ '동그라미'를 선택하고 ❷ [편집] 탭에서 ❸ '복사하기'를 클릭합니다.

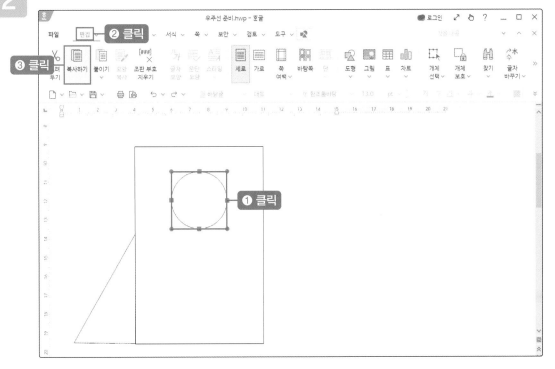

3 ❶ [편집] 탭에서 ❷ '붙이기'를 클릭하면 ❸ 또 하나의 '동그라미'가 생깁니다.

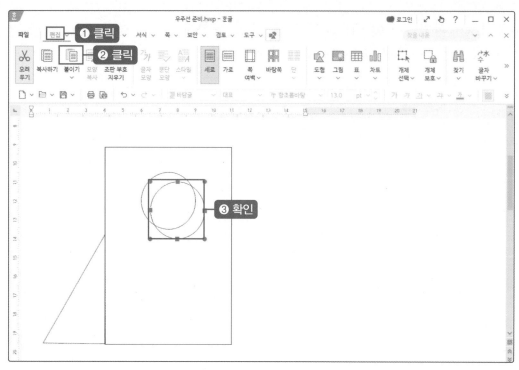

4 복사된 '동그라미'를 선택하고 ❶ 드래그하여 다음과 같이 위치시킵니다.

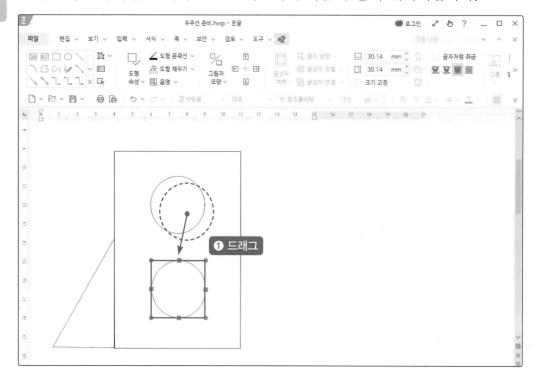

5 ❶ '세모'를 선택하고 ❷ [편집] 탭에서 ❸ '복사하기'를 클릭합니다. ❹ [편집] 탭에서 ❺ '붙이기'를 클릭하면 ❻ 또 하나의 '세모'가 나타납니다.

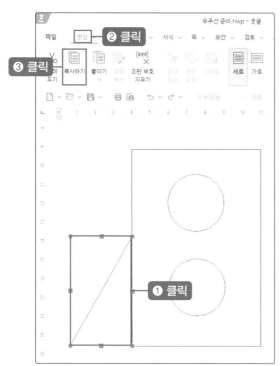
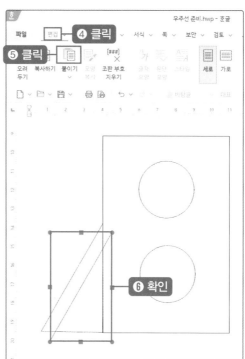

6 ❶ 복사된 '세모'를 선택하고 ❷ [도형] 탭에서 ❸ '회전'의 ∨를 클릭하여 ❹ '좌우 대칭'을 선택합니다.

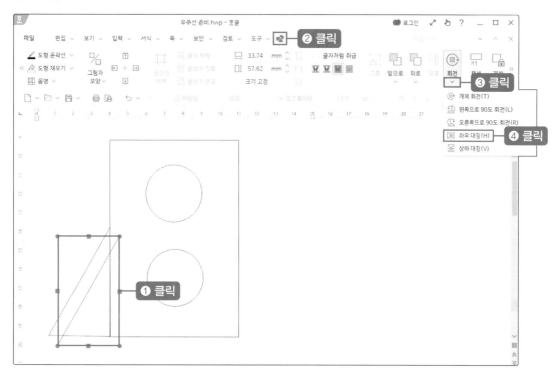

7 ❶ 좌우 대칭된 '세모'를 선택하고 ❷ 드래그하여 다음과 같이 위치시킵니다.

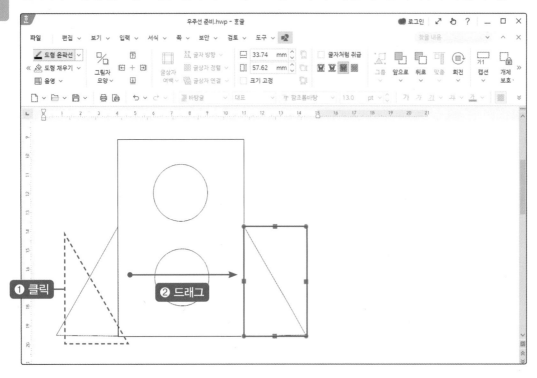

8 ❶ [입력] 탭의 ❷ '도형' 목록에서 '다각형'을 선택한 후 마우스 모양이 '+'로 바뀌면 ❸ '세모' 모양을 그려서 삽입합니다.

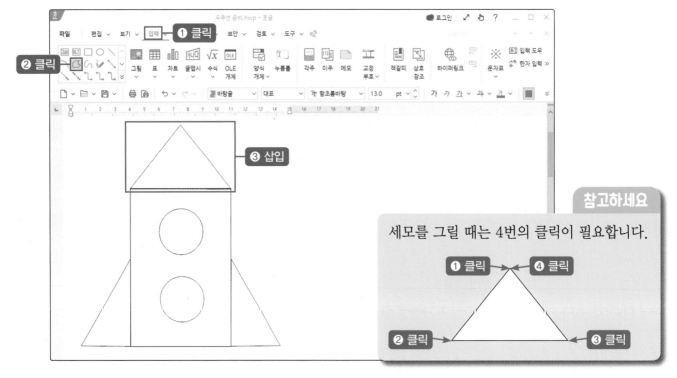

9 ❶ [입력] 탭의 ❷ '도형' 목록에서 '다각형'을 선택한 후 마우스 모양이 '+'로 바뀌면 ❸ '별' 모양을 그려서 삽입합니다.

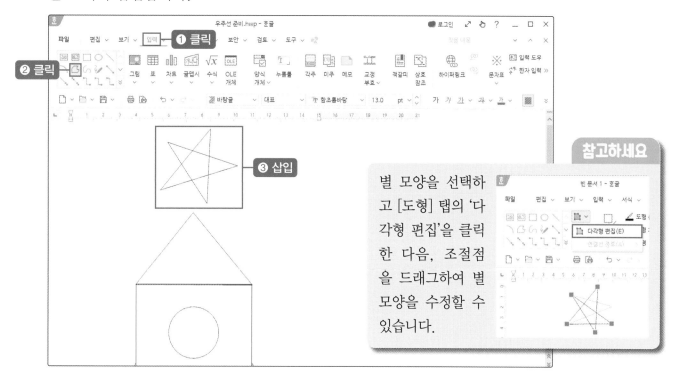

참고하세요

별 모양을 선택하고 [도형] 탭의 '다각형 편집'을 클릭한 다음, 조절점을 드래그하여 별 모양을 수정할 수 있습니다.

10 [편집] 탭에서 '복사하기'와 '붙이기'를 반복하여 ❶ '별' 2개를 더 삽입합니다.

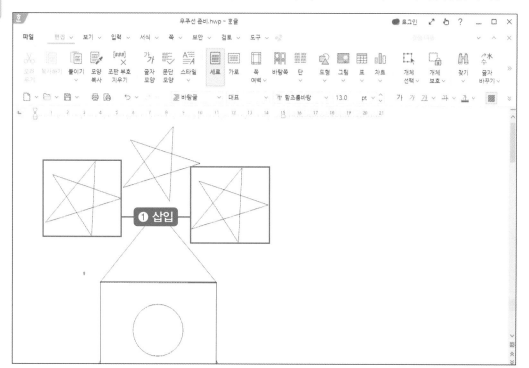

11 ❶ [입력] 탭의 ❷ '도형' 목록에서 '직선 연결선'을 선택한 후 마우스 모양이 '+'로 바뀌면 ❸ 드래그하여 '선'을 삽입합니다.

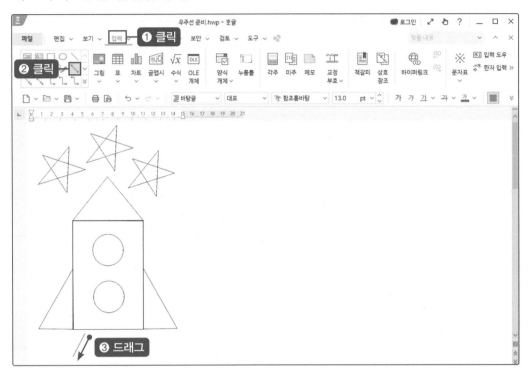

12 같은 방법으로 ❶ '선' 2개를 더 삽입합니다.

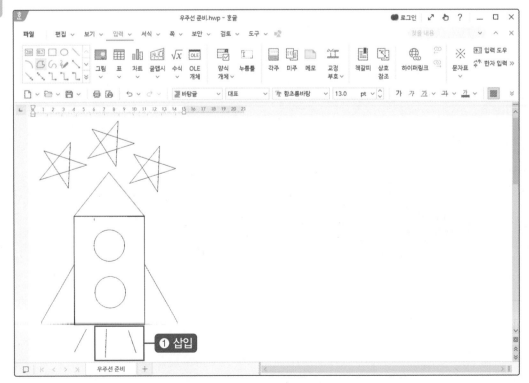

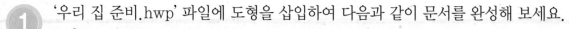
1 '우리 집 준비.hwp' 파일에 도형을 삽입하여 다음과 같이 문서를 완성해 보세요.

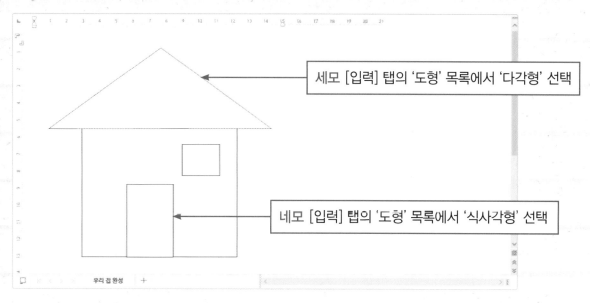

세모 [입력] 탭의 '도형' 목록에서 '다각형' 선택

네모 [입력] 탭의 '도형' 목록에서 '식사각형' 선택

2 '기차 준비.hwp' 파일에 도형을 삽입하여 다음과 같이 문서를 완성해 보세요.

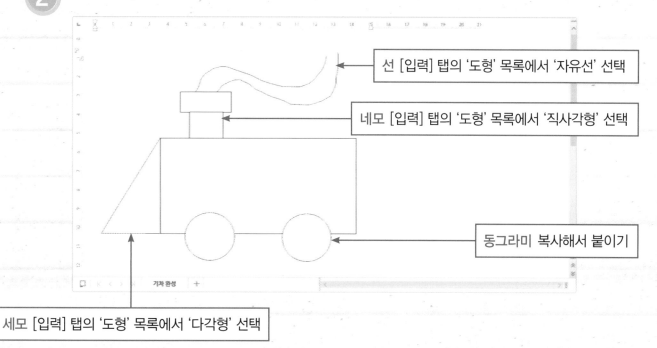

선 [입력] 탭의 '도형' 목록에서 '자유선' 선택

네모 [입력] 탭의 '도형' 목록에서 '직사각형' 선택

동그라미 복사해서 붙이기

세모 [입력] 탭의 '도형' 목록에서 '다각형' 선택

도형 꾸미기

반듯한 네모뿐만 아니라 동그라미, 세모, 별 등의 도형에도 글상자처럼 글자를 입력할 수 있습니다. 그려 넣은 도형의 면 색을 바꾸거나 선 색, 선 종류, 굵기 등을 다양하게 설정할 수 있습니다.

➡➡ 도형에 글자를 입력해 봅니다.

➡➡ 도형의 윤곽선과 채우기를 다양하게 설정해 봅니다.

배울 내용 미리 보기

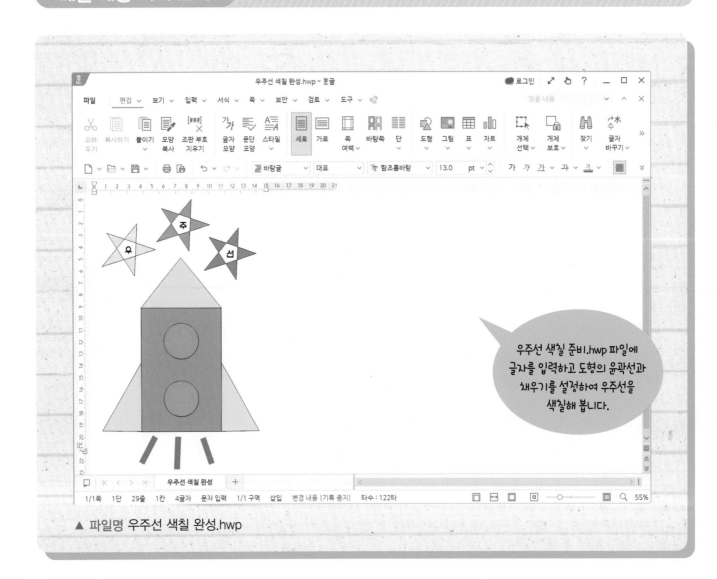

우주선 색칠 준비.hwp 파일에 글자를 입력하고 도형의 윤곽선과 채우기를 설정하여 우주선을 색칠해 봅니다.

▲ 파일명 우주선 색칠 완성.hwp

1 도형에 글자 입력하기

1 '우주선 색칠 준비.hwp' 파일에서 ❶ '별' 모양을 선택하고 ❷ [도형] 탭의 ❸ '글자 넣기'를 클릭합니다.

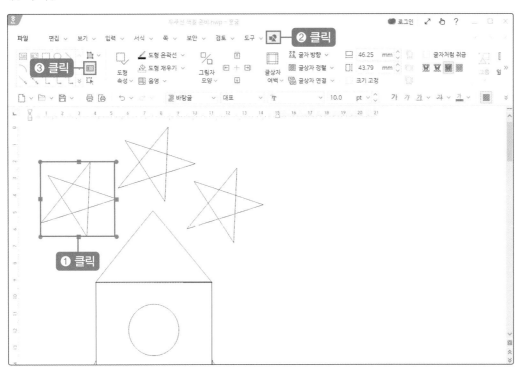

2 마우스 커서가 ' | '로 바뀌면 ❶ 글자 '우'를 입력합니다.

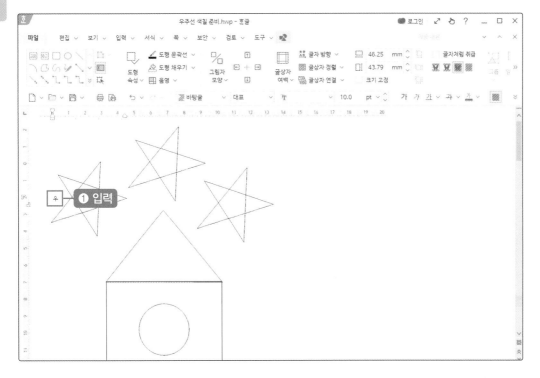

3 ❶ 입력한 글자 '우'를 블록으로 설정한 후 도구 상자에서 ❷ '글꼴'을 '양재튼튼B', '크기'를 '20pt', ❸ '정렬 방식'을 '가운데 정렬'로 설정합니다.

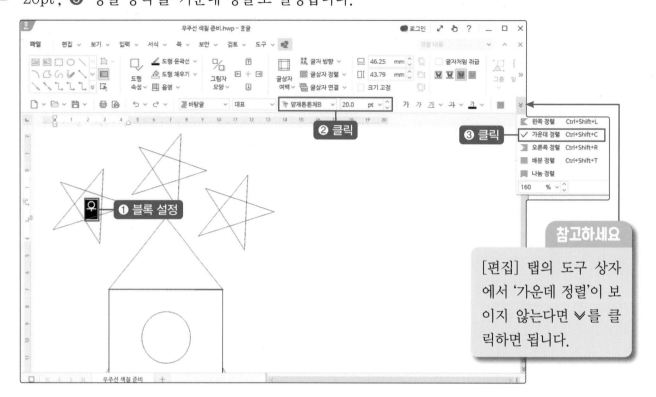

> **참고하세요**
>
> [편집] 탭의 도구 상자에서 '가운데 정렬'이 보이지 않는다면 ≫를 클릭하면 됩니다.

4 같은 방법으로 다음과 같이 별 3개에 각각 '우', '주', '선' 글자를 입력합니다.

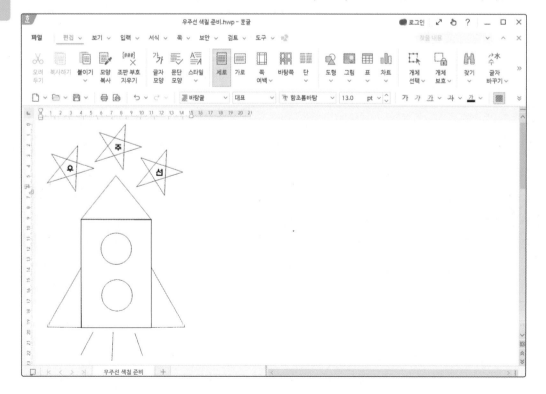

도형 속성 변경하기

1 ❶ '우'가 입력된 별을 선택하고 ❷ [도형] 탭의 ❸ '도형 속성'을 클릭합니다.

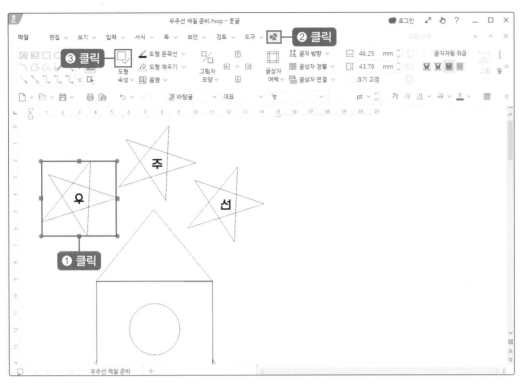

2 [개체 속성] 대화 상자가 나타나면 ❶ [채우기] 탭에서 ❷ '색'을 선택하고 ❸ '면 색'의 ∨를 클릭하여 원하는 색을 선택한 뒤 ❹ [설정]을 클릭합니다.

참고하세요

>를 클릭하면 '테마 색 상표'에서 다양한 색을 선택할 수 있습니다.

3 별 3개에 원하는 색을 설정합니다.

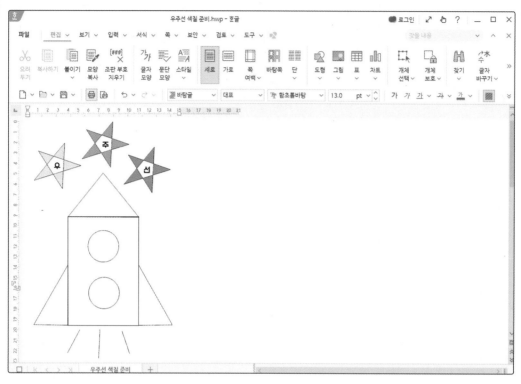

4 우주선에도 면 색을 설정해 봅니다.

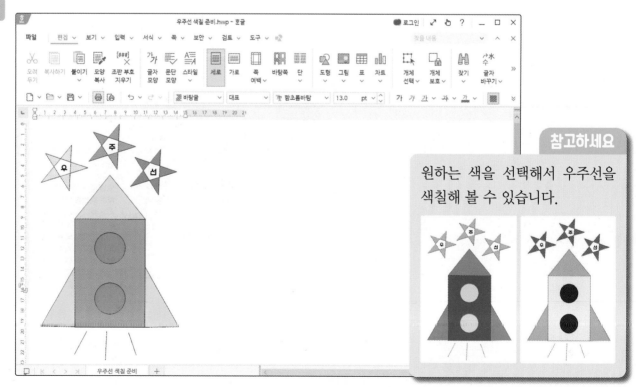

참고하세요

원하는 색을 선택해서 우주선을 색칠해 볼 수 있습니다.

5 ❶ 하단의 선 하나를 선택하고 ❷ [도형] 탭의 ❸ '도형 속성'을 클릭합니다.

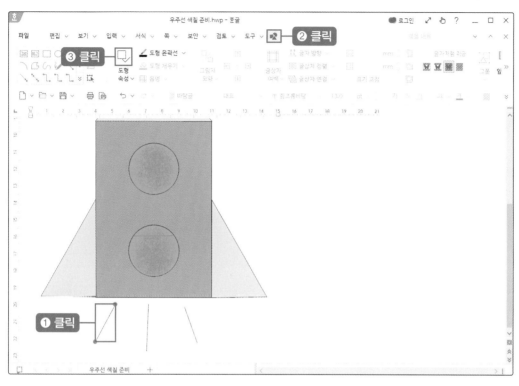

6 [개체 속성] 대화 상자가 나타나면 ❶ [선] 탭에서 ❷ '색'은 '빨강'으로, ❸ '굵기'는 '5.00mm'로 입력하고 ❹ [설정]을 클릭합니다.

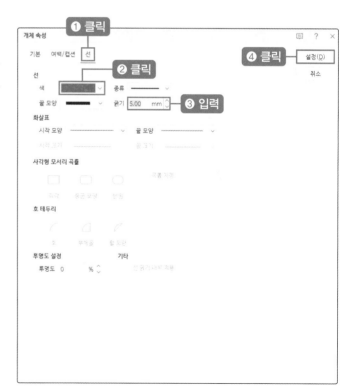

7 ❶ 하단의 가운데 선을 선택하고 ❷ `Shift` 키를 누른 상태에서 나머지 선도 선택하면 동시에 2개의 선이 선택됩니다. ❸ [도형] 탭의 ❹ '도형 속성'을 클릭합니다.

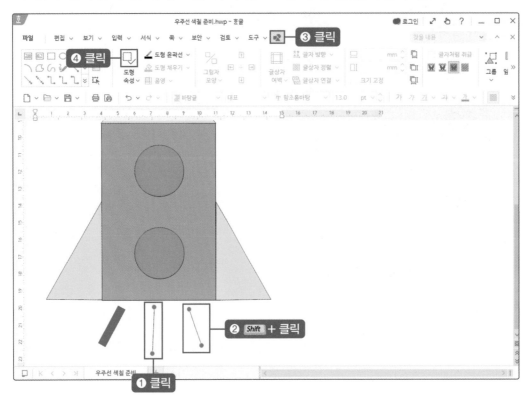

8 [개체 속성] 대화 상자가 나타나면 ❶ [선] 탭에서 ❷ '색'은 '빨강'으로, ❸ '굵기'는 "5.00mm"로 입력하고 ❹ [설정]을 클릭하여 색칠을 완성합니다.

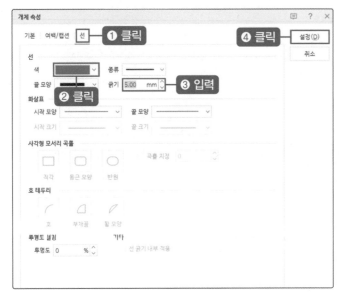

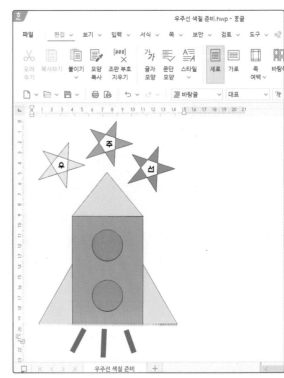

1 '우리 집 색칠 준비.hwp' 파일에 글자를 입력하고 채우기를 설정하여 다음과 같이 문서를 완성해 보세요.

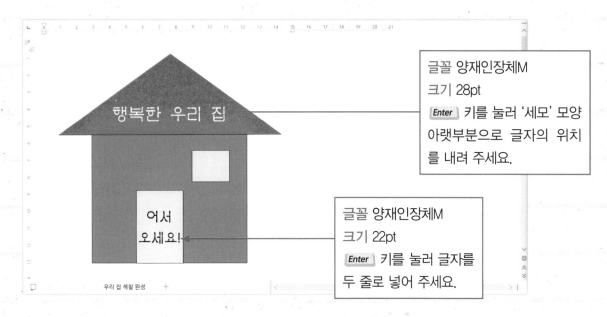

글꼴 양재인장체M
크기 28pt
Enter 키를 눌러 '세모' 모양 아랫부분으로 글자의 위치를 내려 주세요.

글꼴 양재인장체M
크기 22pt
Enter 키를 눌러 글자를 두 줄로 넣어 주세요.

2 '기차 색칠 준비.hwp' 파일에 글자를 입력하고 채우기와 윤곽선을 설정하여 다음과 같이 문서를 완성해 보세요.

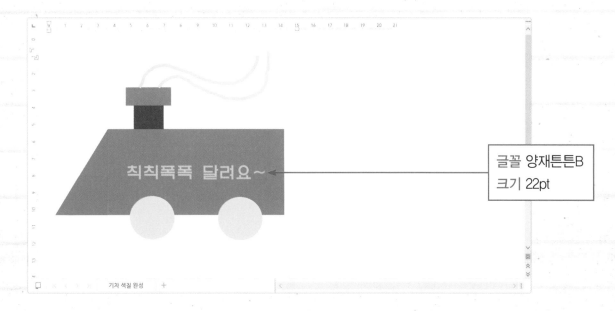

글꼴 양재튼튼B
크기 22pt

글맵시 삽입하기

글맵시는 글자를 구부리거나 글자에 외곽선, 면 채우기, 그림자, 회전 등의 효과를 주어 문자를 꾸미는 기능입니다. 글맵시 기능을 활용하면 문서에 포함된 글자를 보기 좋게 편집할 수 있습니다.

➤➤ 글맵시를 삽입해 봅니다.
➤➤ 글맵시의 모양을 변경해 봅니다.

배울 내용 미리 보기

해수욕장 개장 안내 준비.hwp 파일에서 제목을 입력하여 글맵시를 활용하여 꾸며 봅니다.

▲ 파일명 해수욕장 개장 안내 완성.hwp

1 '해수욕장 개장 안내 준비.hwp' 문서에서 ❶ [입력] 탭의 ❷ '글맵시'를 클릭합니다.

2 [글맵시 만들기] 대화 상자가 나타나면 ❶ '내용'에 "해수욕장 개장 안내"를 입력하고 ❷ '글맵시 모양'에서 ∨를 클릭하여 ❸ '물결2'를 선택합니다. ❹ '글꼴'을 '양재참숯체B'로 선택한 후 ❺ [설정]을 클릭합니다.

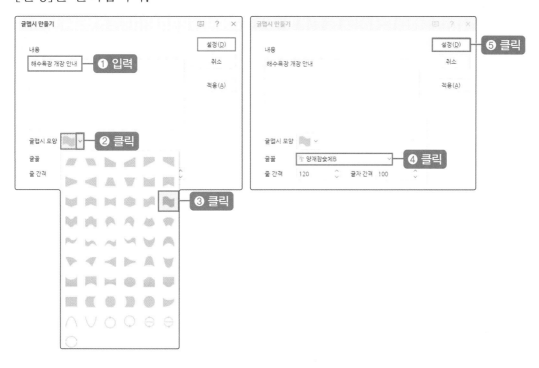

3 글맵시가 삽입되면 테두리의 사각점을 드래그하여 크기를 조절하고 다음과 같이 배치합니다.

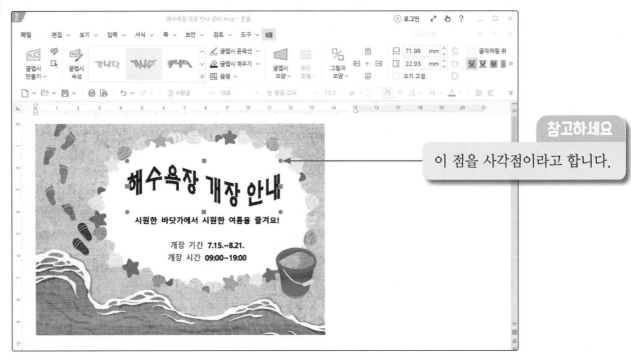

참고하세요

이 점을 사각점이라고 합니다.

4 ❶ [글맵시] 탭에서 ❷ '글맵시 채우기'의 ∨를 클릭하여 ❸ '파랑'을 선택합니다.

② 글맵시 모양 변경하기

1 입력된 글맵시의 모양을 바꾸기 위해 **①** 글맵시를 선택한 후 **②** [글맵시] 탭의 **③** '글맵시 모양'
을 클릭한 후 **④** '갈매기형 수장'을 선택합니다.

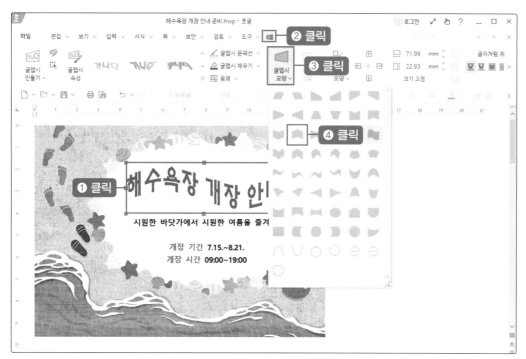

2 글맵시가 바뀐 것을 확인할 수 있습니다.

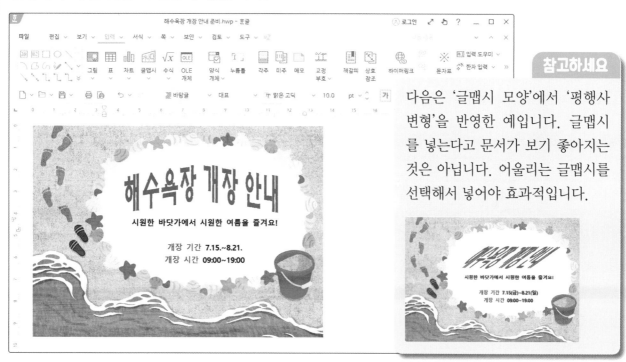

참고하세요

다음은 '글맵시 모양'에서 '평행사
변형'을 반영한 예입니다. 글맵시
를 넣는다고 문서가 보기 좋아지는
것은 아닙니다. 어울리는 글맵시를
선택해서 넣어야 효과적입니다.

3 입력된 글맵시의 모양을 더욱 효과적으로 바꾸기 위해 ❶ 글맵시를 선택한 후 ❷ [글맵시] 탭의 ❸ ∨를 클릭합니다.

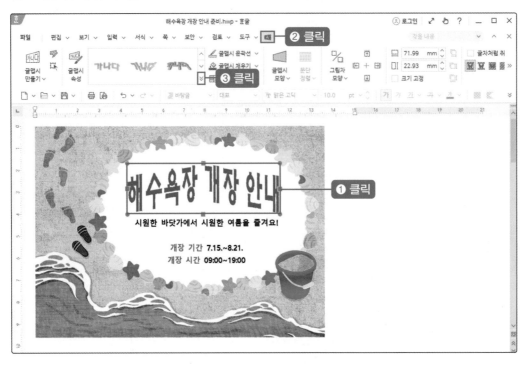

4 여러 가지 샘플이 나타나면 ❶ '채우기-하늘색 그러데이션, 갈매기형 수장 모양'을 선택합니다.

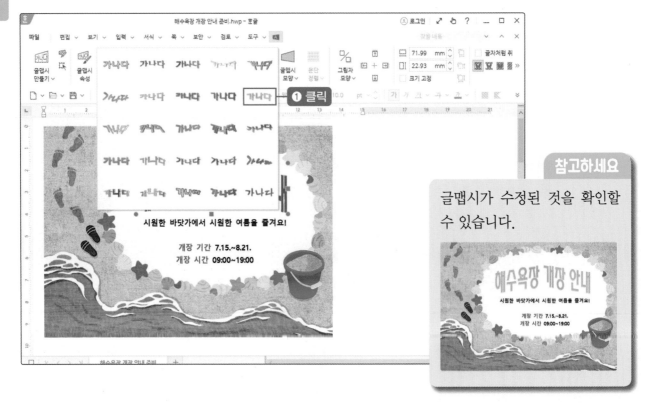

참고하세요

글맵시가 수정된 것을 확인할 수 있습니다.

1 '포스터 꾸미기 준비.hwp' 파일에서 [입력] 탭의 '글맵시'를 활용하여 다음과 같이 문서를 완성해 보세요.

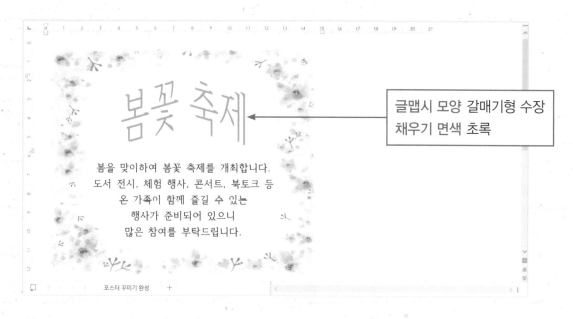

글맵시 모양 갈매기형 수장
채우기 면색 초록

2 '카드 꾸미기 준비.hwp' 파일에서 [글맵시] 탭의 '글맵시 모양'을 활용하여 다음과 같이 문서를 완성해 보세요.

글맵시 모양 채우기
파란색 그러데이션, 진회색 그림자,
직사각형 모양

15 표 만들기

문서에 표를 삽입하면 내용을 일목요연하게 볼 수 있습니다. 표 안에 그림도 삽입하여 문서를 더욱 보기 좋게 작성할 수 있습니다.

➡➡ 표를 삽입하고 스타일을 적용해 봅니다.

➡➡ 셀 테두리를 변경해 봅니다.

➡➡ 셀 안에 그림을 삽입해 봅니다.

배울 내용 미리 보기

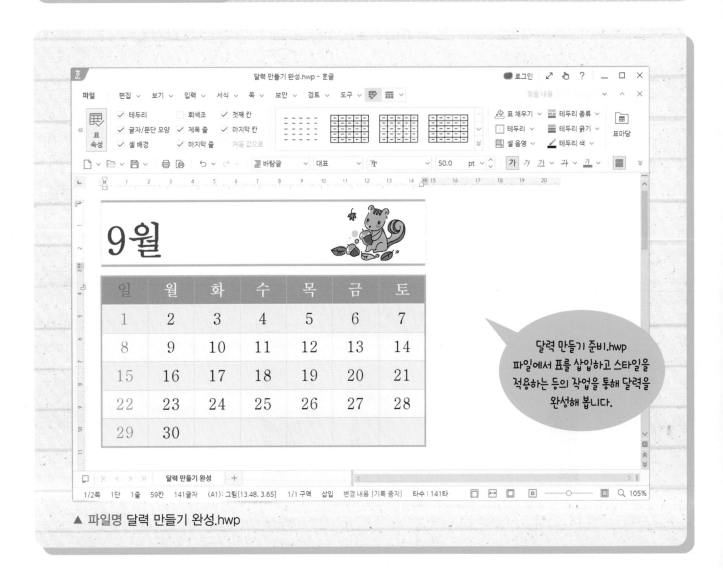

▲ 파일명 달력 만들기 완성.hwp

표 삽입하고 스타일 설정하기

1 '달력 만들기 준비.hwp' 파일에서 ❶ [입력] 탭의 ❷ [표]를 클릭합니다. [표 만들기] 대화 상자가 나타나면 ❸ 줄 개수에 "6", 칸 개수에 "7"을 입력하고 ❹ '글자처럼 취급'을 체크한 다음 ❺ [만들기]를 클릭합니다.

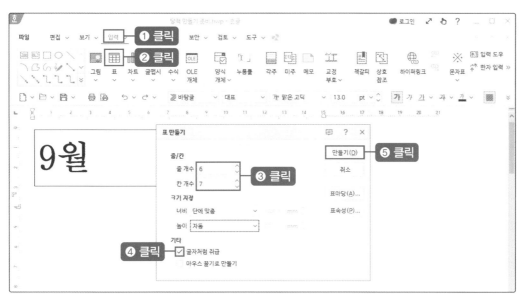

2 ❶ 표의 셀 전체를 드래그하여 블록으로 설정하고 ❷ Ctrl + ↓ 키를 눌러 다음과 같이 표의 줄 높이를 조절합니다.

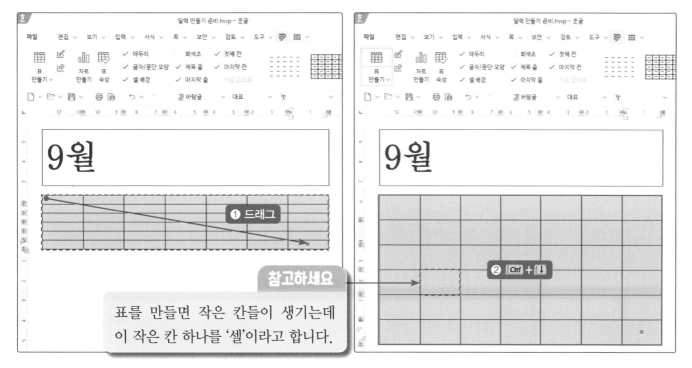

참고하세요

표를 만들면 작은 칸들이 생기는데 이 작은 칸 하나를 '셀'이라고 합니다.

3 다음과 같이 ❶ 첫 번째 줄에 요일을 입력하고 ❷ 두 번째 줄에는 1부터 3까지 입력합니다.

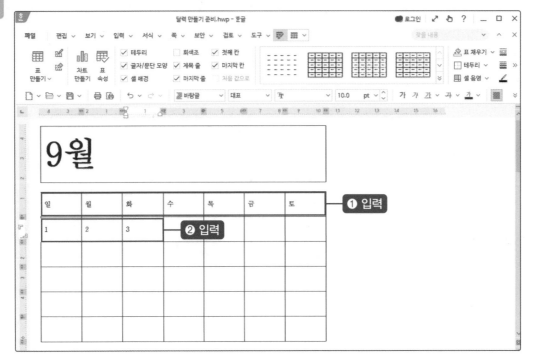

4 ❶ 1부터 3까지 입력한 두 번째 줄부터 마지막 줄까지 블록으로 설정하고 마우스 오른쪽 단추를 눌러 '빠른 메뉴'가 나타나면 ❷ '채우기'에서 ❸ '표 자동 채우기'를 클릭합니다.

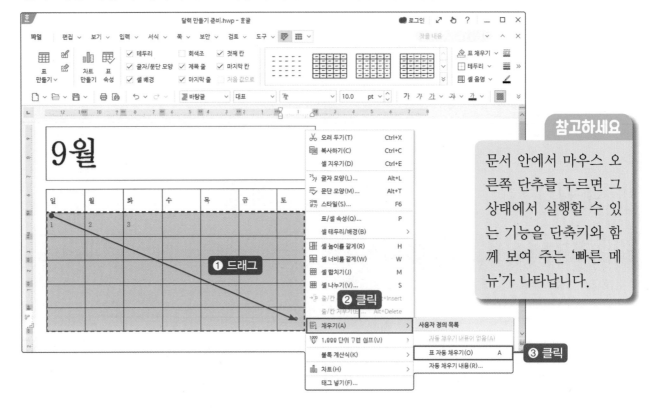

참고하세요

문서 안에서 마우스 오른쪽 단추를 누르면 그 상태에서 실행할 수 있는 기능을 단축키와 함께 보여 주는 '빠른 메뉴'가 나타납니다.

5 ❶ 마지막 줄의 31부터 35까지의 셀을 드래그하여 블록으로 설정하고 마우스의 오른쪽 단추를 눌러 '빠른 메뉴'가 나타나면 ❷ '셀 지우기'를 클릭합니다.

6 ❶ 표 전체를 드래그하여 블록으로 설정하고 ❷ [표 디자인] 탭의 ❸ '자세히' 단추(∨)를 클릭하여 ❹ '보통 스타일2−노란 색조'를 선택합니다.

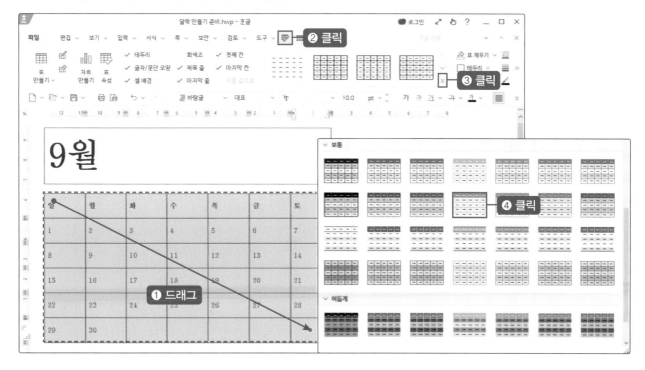

7 ❶ 표 전체가 선택된 상태에서 ❷ '글자 크기'를 '20pt'로 ❸ '정렬 방식'을 '가운데 정렬'로 설정합니다.

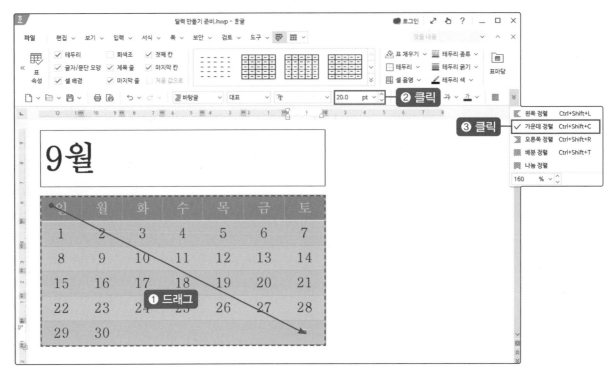

8 ❶ 첫 번째 칸만 블록으로 설정하고 ❷ '글자 색'을 '빨강'으로 설정합니다.

1 ❶ 다음과 같이 표를 블록으로 설정하고 ❷ [표 레이아웃] 탭의 ∨를 클릭하여 ❸ '셀 테두리/배경'에서 ❹ '각 셀마다 적용'을 선택합니다.

참고하세요

한 칸짜리 셀을 블록 설정할 때는 커서를 해당 셀에 두고 **F5** 키를 누르면 됩니다.

2 [셀 테두리/배경] 대화 상자가 나타나면 ❶ [테두리] 탭의 ❷ '테두리' 항목에 다음과 같이 어울리게 설정하고 ❸ '테두리 영역'에서 '위쪽 테두리'와 '아래쪽 테두리'만 선택한 후 ❹ [설정]을 클릭합니다.

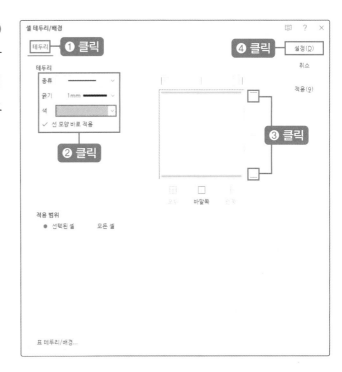

③ 셀 안에 그림 삽입하기

1 다음과 같이 ❶ 커서를 두고 ❷ [입력] 탭의 ❸ '그림'을 클릭합니다. [그림 넣기] 대화 상자가 나타나면 ❹ '9월 다람쥐' 그림을 선택하고 ❺ 다음과 같이 체크한 뒤 ❻ [열기]를 클릭합니다.

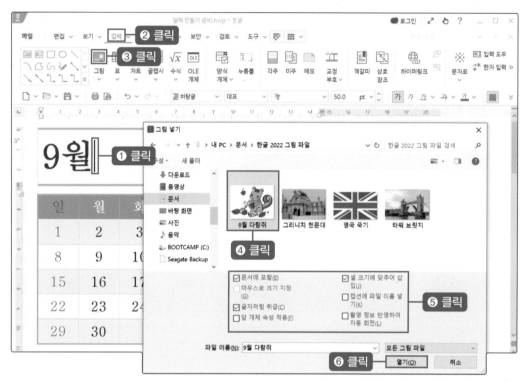

2 그림이 삽입되면 글자처럼 인식되므로 ❶ Space Bar 를 눌러서 이동시킬 수 있습니다.

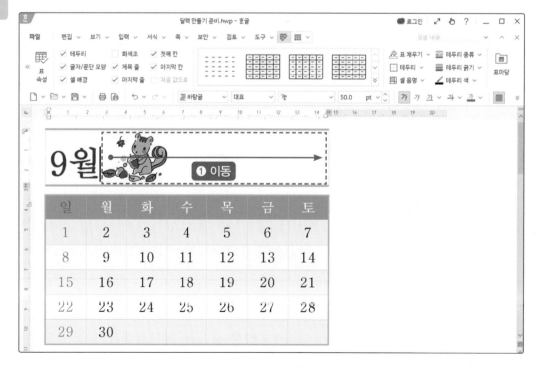

① '과일 단어장 준비.hwp' 파일에서 과일 사진을 삽입하여 다음과 같이 표를 완성해 보세요.

각각의 셀에 커서를 놓고 해당 그림을 선택하여 삽입

② '여행 일정표 준비.hwp' 파일에서 다음과 같이 표를 완성해 보세요.

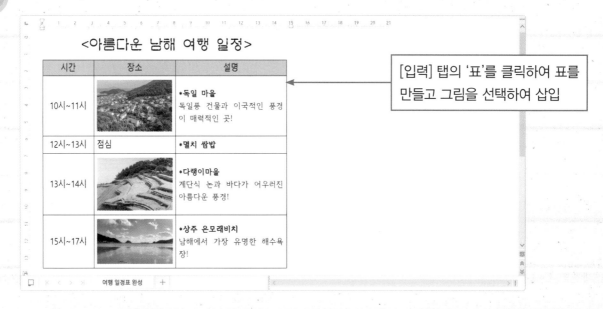

[입력] 탭의 '표'를 클릭하여 표를 만들고 그림을 선택하여 삽입

블록 계산하기

블록 계산은 블록으로 설정된 셀에 있는 숫자들의 합과 평균 등을 구하여 삽입하는 기능입니다. 계산기가 없어도 기본적인 숫자 계산을 할 수 있어 편리합니다.

➤➤ 표를 만들고 블록을 설정해 합계를 구해 봅니다.

➤➤ 표를 만들고 블록을 설정해 평균을 구해 봅니다.

배울 내용 미리 보기

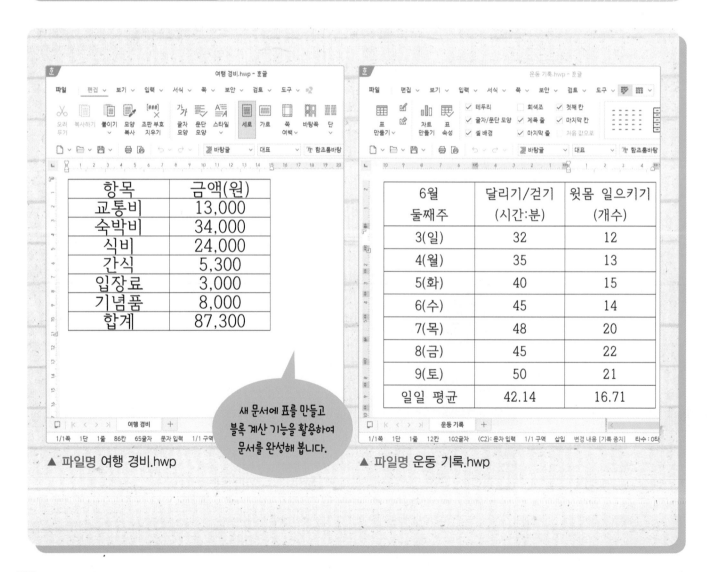

항목	금액(원)
교통비	13,000
숙박비	34,000
식비	24,000
간식	5,300
입장료	3,000
기념품	8,000
합계	87,300

새 문서에 표를 만들고 블록 계산 기능을 활용하여 문서를 완성해 봅니다.

▲ 파일명 여행 경비.hwp

6월 둘째주	달리기/걷기 (시간:분)	윗몸 일으키기 (개수)
3(일)	32	12
4(월)	35	13
5(화)	40	15
6(수)	45	14
7(목)	48	20
8(금)	45	22
9(토)	50	21
일일 평균	42.14	16.71

▲ 파일명 운동 기록.hwp

① 블록 합계 구하기

1 '새 문서'에서 ❶ [입력] 탭의 ❷ '표'를 클릭합니다. '표 만들기' 대화 상자가 나타나면 '줄/칸'에서 ❸ '줄 개수'에 "8", '칸 개수'에 "2"를 입력하고 ❹ [만들기]를 클릭합니다.

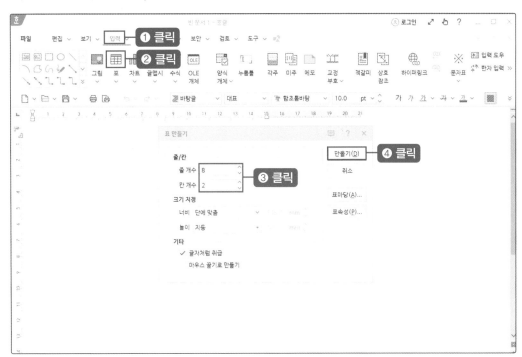

2 표가 생성되면 다음과 같이 내용을 입력합니다.

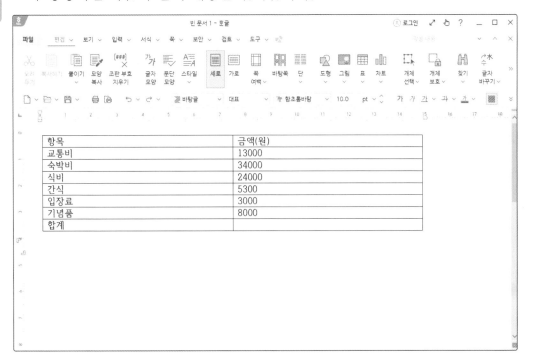

항목	금액(원)
교통비	13000
숙박비	34000
식비	24000
간식	5300
입장료	3000
기념품	8000
합계	

3 ❶ 표의 모든 셀을 드래그하여 블록으로 설정한 후 ❷ '글자 모양'을 '함초롬바탕', '35pt'로 하고
❸ '정렬 방식'을 '가운데 정렬'로 설정합니다.

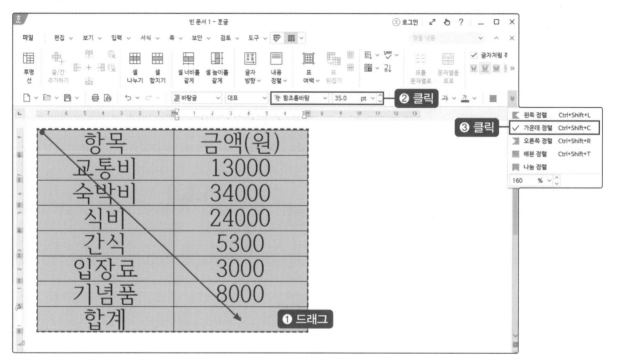

4 [파일] 탭의 '저장하기'를 선택해서 '다른 이름으로 저장하기' 대화 상자가 나타나면 ❶ '파일 이
름'에 "여행 경비"를 입력하고 ❷ [저장]을 클릭합니다.

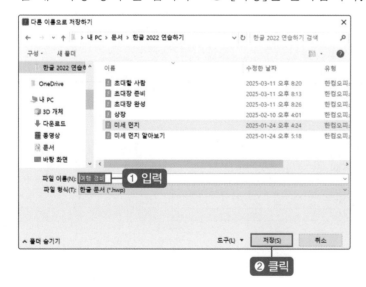

5 ❶ 금액 부분만 드래그하여 블록으로 설정하고 ❷ [표 레이아웃] 탭의 ❸ '계산식'을 선택하고
❹ '블록 합계'를 클릭합니다.

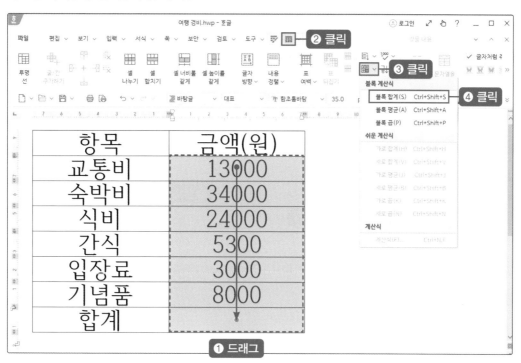

6 '블록 합계'가 삽입되었습니다. 금액 부분이 블록으로 설정된 상태에서 ❶ [표 레이아웃] 탭의
❷ '자릿점'을 선택하고 ❸ '자릿점 넣기'를 클릭합니다.

항목	금액(원)
교통비	13000
숙박비	34000
식비	24000
간식	5300
입장료	3000
기념품	8000
합계	87,300

② 블록 평균 구하기

1 '새 문서'에서 ❶ [입력] 탭의 ❷ '표'를 클릭합니다. '표 만들기' 대화 상자가 나타나면 '줄/칸'에서 ❸ '줄 개수'에 "9", '칸 개수'에 "3"을 입력하고 ❹ [만들기]를 클릭합니다.

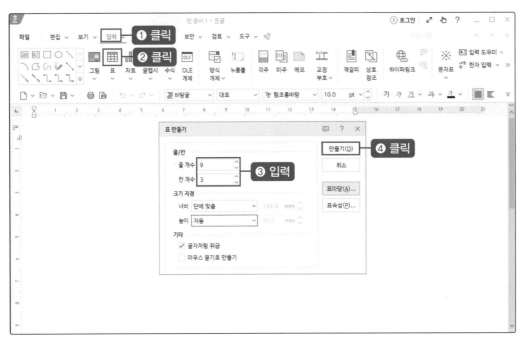

2 표가 생성되면 다음과 같이 내용을 입력합니다. ❶ 표의 모든 셀을 드래그하여 선택한 후 ❷ '글자 모양'을 '함초롬바탕', '20pt'로 하고 ❸ '정렬 방식'을 '가운데 정렬'로 설정합니다.

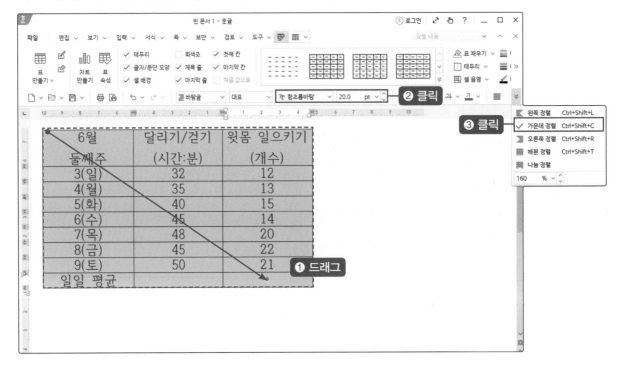

3 [파일] 탭의 '저장하기'를 선택해서 '다른 이름으로 저장하기' 대화 상자가 나타나면 ❶ '파일 이름'에 "운동 기록"을 입력하고 ❷ [저장]을 클릭합니다.

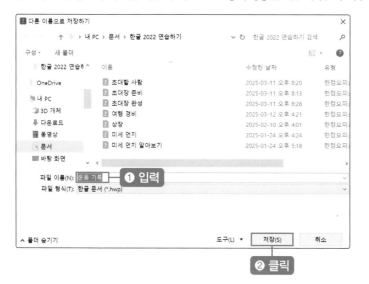

참고하세요

해당 내용은 '운동 기록 준비' 파일로 제공되니 불러와서 사용해도 됩니다.

4 ❶ 달리기/걷기 기록 부분만 드래그하여 블록으로 설정하고 ❷ [표 레이아웃] 탭의 ❸ '계산식'을 선택하고 ❹ '블록 평균'을 클릭합니다.

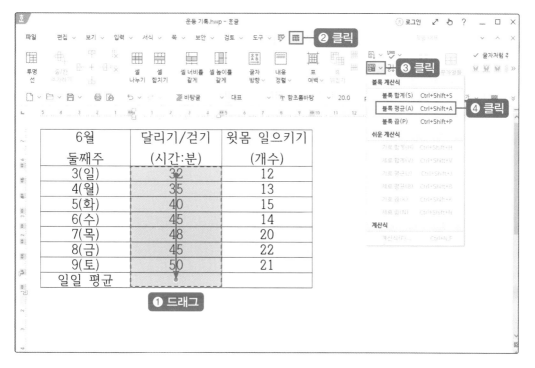

5 '블록 평균'이 삽입되었습니다. ❶ 윗몸 일으키기 기록 부분도 드래그하여 블록으로 설정하고 ❷ [표 레이아웃] 탭의 ❸ '계산식'에서 ❹ '블록 평균'을 클릭합니다.

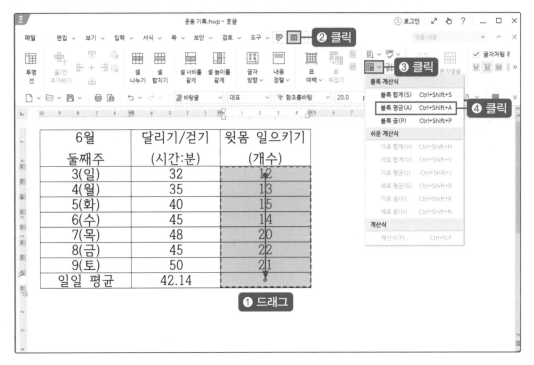

6 ❶ 표의 모든 셀을 드래그하여 블록으로 설정하고 ❷ Ctrl 키를 누른 상태에서 ↓ 키를 네 번 누르면 셀의 위아래 여백이 넓어져서 더 보기 좋은 표를 만들 수 있습니다.

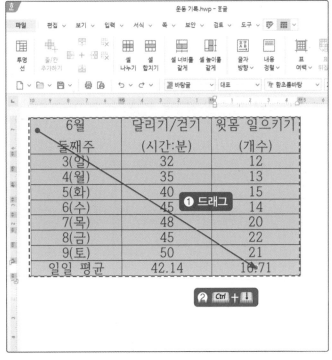

6월 둘째주	달리기/걷기 (시간:분)	윗몸 일으키기 (개수)
3(일)	32	12
4(월)	35	13
5(화)	40	15
6(수)	45	14
7(목)	48	20
8(금)	45	22
9(토)	50	21
일일 평균	42.14	16.71

1 새 문서에서 표를 만들고 '블록 합계'를 활용하여 다음과 같이 표를 완성해 보세요.

8월 둘째주	금액(원)
교통비	5,200
간식비	8,300
학습준비물	12,400
영화관람	6,500
생일선물	5,000
합계	37,400

용돈 기입장 +

[표 레이아웃] 탭의 '자릿점'을 선택하고 '자릿점 넣기'를 클릭

[표 레이아웃] 탭의 '계산식'을 선택하고 '블록 합계'를 클릭

2 새 문서에서 표를 만들고 '블록 평균'을 활용하여 다음과 같이 표를 완성해 보세요.

중간고사	점수
국어	85
수학	88
영어	92
사회	80
과학	95
평균	88.00

성적표 +

[표 레이아웃] 탭의 '계산식'을 선택하고 '블록 평균'을 클릭

129

차트 만들기

차트는 수치화된 정보를 한눈에 파악할 수 있도록 도와줍니다. 다양한 차트 중에서 목적에 맞는 차트를 선택하여 문서에 삽입하면 가독성을 높일 수 있습니다.

➡➡ 차트를 삽입하고 스타일을 변경해 봅니다.

➡➡ 차트의 데이터를 수정하고 차트 속성을 변경해 봅니다.

배울 내용 미리 보기

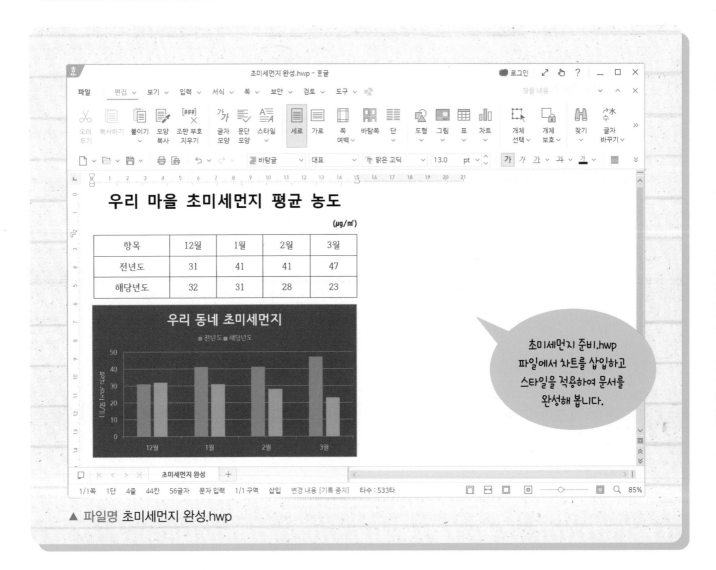

초미세먼지 준비.hwp 파일에서 차트를 삽입하고 스타일을 적용하여 문서를 완성해 봅니다.

▲ 파일명 초미세먼지 완성.hwp

1 차트 삽입하고 스타일 변경하기

1 '초미세먼지 준비.hwp' 파일에서 ❶ 차트로 만들 데이터를 드래그하여 블록으로 설정하고 ❷ [표 디자인] 탭의 ❸ '차트 만들기'를 클릭합니다.

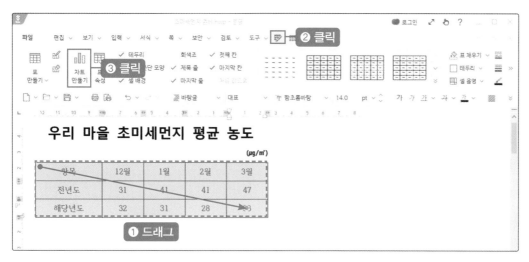

2 [차트 데이터 편집] 대화 상자가 나타나면 오른쪽 상단의 ❶ '닫기'를 클릭하여 창을 닫습니다. 차트가 삽입되면 ❷ 차트의 모서리를 선택하고 마우스로 드래그하여 차트 크기를 조절합니다.

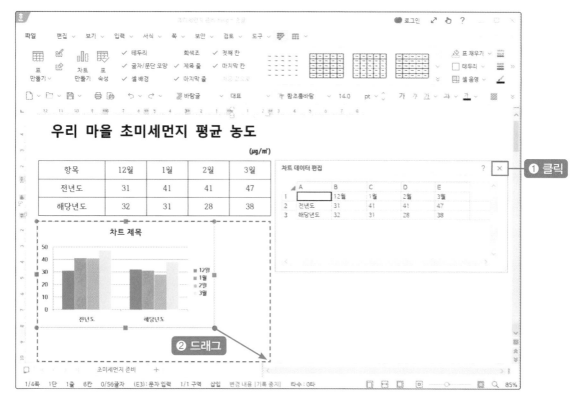

3 ❶ '차트'를 클릭한 후 ❷ [차트 디자인] 탭의 ❸ '차트 레이아웃'을 클릭하여 ❹ '레이아웃6'을 선택합니다.

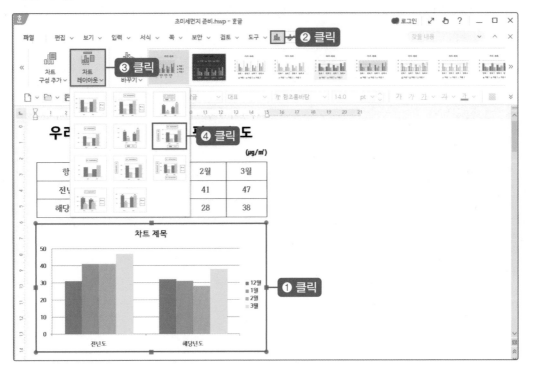

4 차트가 선택된 상태에서 ❶ [차트 디자인] 탭의 ❷ '차트 스타일'에서 '스타일2'를 선택합니다.

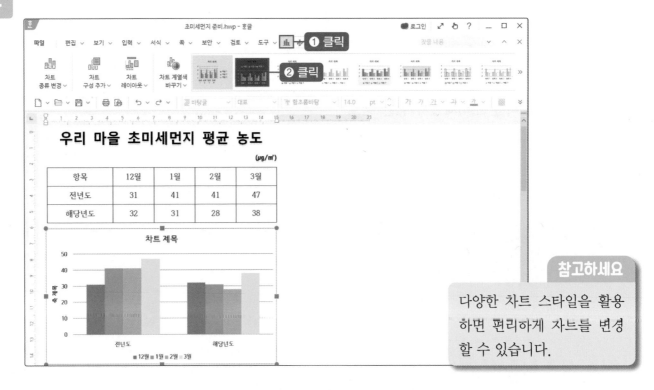

참고하세요

다양한 차트 스타일을 활용하면 편리하게 차트를 변경할 수 있습니다.

2 차트 속성 설정하기

1 차트 제목을 수정하기 위해 ❶ '차트 제목'을 클릭한 후 마우스 오른쪽 단추를 눌러 '빠른 메뉴'가 나타나면 ❷ '제목 편집'을 클릭합니다.

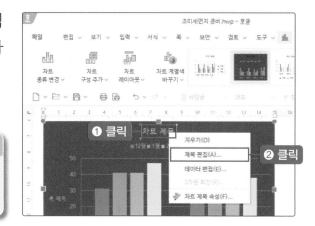

참고하세요

차트를 클릭한 뒤 '차트 제목'을 클릭해야 '차트 제목' 부분이 선택됩니다.

2 [차트 글자 모양] 대화 상자가 나타나면 ❶ '글자 내용'에 "우리 동네 초미세먼지"를 입력하고 ❷ '속성'을 '진하게'로, ❸ '크기'를 '20pt'로 하고 ❹ [설정]을 클릭합니다.

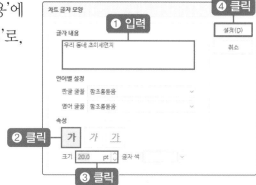

3 ❶ '축 제목'을 선택한 후 마우스 오른쪽 단추를 눌러 '빠른 메뉴'가 나타나면 '제목 편집'을 클릭합니다. ❷ [차트 글자 모양] 대화 상자가 나타나면 '글자 내용'에 "평균 농도($\mu g/m^3$)"를 입력한 후 ❸ [설정]을 클릭합니다.

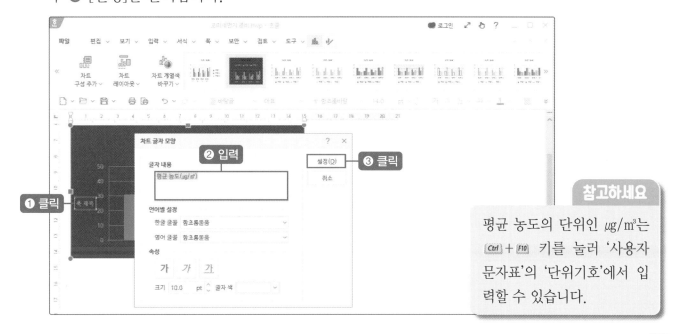

참고하세요

평균 농도의 단위인 $\mu g/m^3$는 Ctrl + F10 키를 눌러 '사용자 문자표'의 '단위기호'에서 입력할 수 있습니다.

4 ① 축 제목인 '평균 농도($\mu g/m^3$)'를 선택하고 ② [차트 서식] 탭의 ③ '글자 속성'을 클릭합니다. 오른쪽에 나타난 '개체 속성' 창에서 ④ '크기 및 속성'을 선택하고 ⑤ '글자 방향'의 ∨를 클릭하여 ⑥ '글자 방향'을 '세로'로 선택합니다.

5 ① 차트를 선택하고 ② [차트 디자인] 탭의 ③ '차트 데이터 편집'을 클릭합니다. [차트 데이터 편집] 대화 상자가 나타나면 3월의 해당년도 셀을 클릭한 후 ④ "23"을 입력하고 ⑤ '닫기'를 클릭합니다.

> **참고하세요**
>
> 차트의 수치를 수정할 때는 원래 있던 표의 수치도 함께 수정해야 합니다.

6 ① 차트를 선택한 후 ② [차트 디자인] 탭의 ③ '줄/칸 전환'을 클릭하여 차트 모양을 변경합니다.

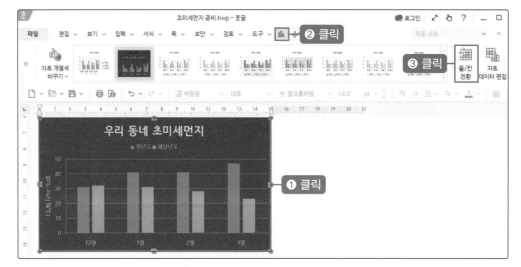

도전! 혼자 풀어 보세요!

① '용돈 분석 준비.hwp' 파일에 차트를 삽입하여 다음과 같이 문서를 완성해 보세요.

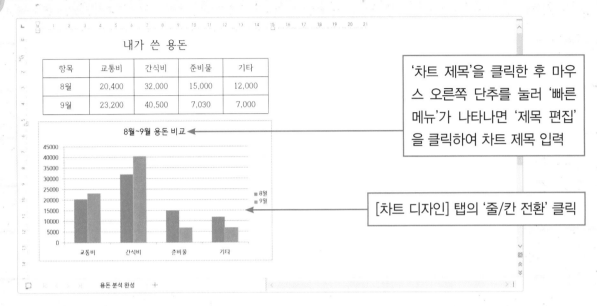

'차트 제목'을 클릭한 후 마우스 오른쪽 단추를 눌러 '빠른 메뉴'가 나타나면 '제목 편집'을 클릭하여 차트 제목 입력

[차트 디자인] 탭의 '줄/칸 전환' 클릭

② '선호도 조사 준비.hwp' 파일에 차트를 삽입하여 다음과 같이 문서를 완성해 보세요.

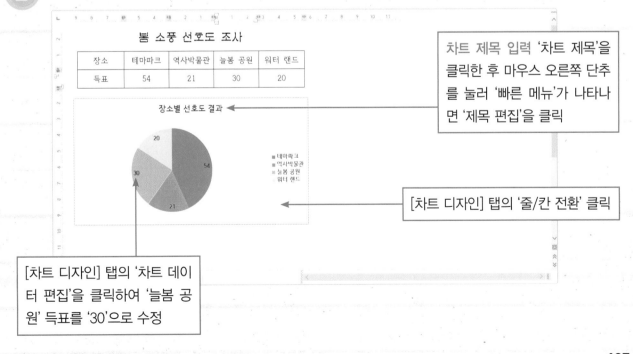

차트 제목 입력 '차트 제목'을 클릭한 후 마우스 오른쪽 단추를 눌러 '빠른 메뉴'가 나타나면 '제목 편집'을 클릭

[차트 디자인] 탭의 '줄/칸 전환' 클릭

[차트 디자인] 탭의 '차트 데이터 편집'을 클릭하여 '늘봄 공원' 득표를 '30'으로 수정

18 다단 활용하기

다단을 활용하면 문서를 여러 단으로 나누어 많은 내용을 읽기 쉽고 정돈된 형태로 만들 수 있습니다.

➤➤ 다단을 설정해 봅니다.

➤➤ 문서의 용도에 맞게 다단을 변경해 봅니다.

배울 내용 미리 보기

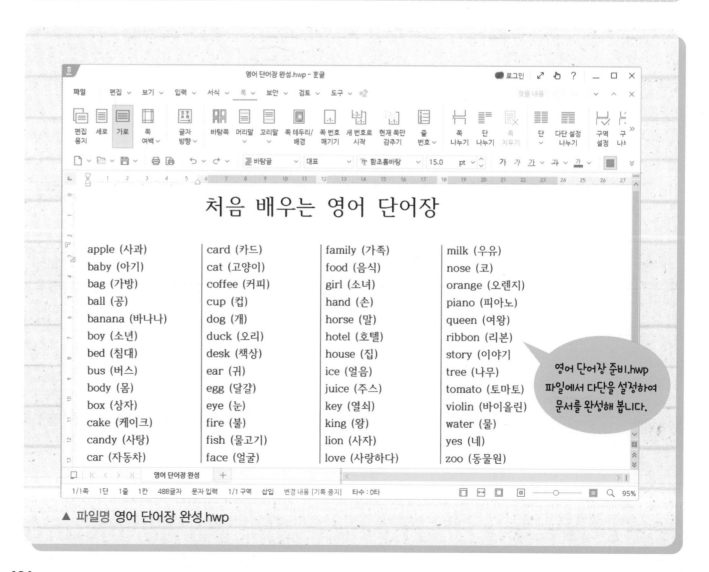

영어 단어장 준비.hwp 파일에서 다단을 설정하여 문서를 완성해 봅니다.

▲ 파일명 영어 단어장 완성.hwp

1 다단 설정하기

1 '영어 단어장 준비.hwp' 파일에서 제목 부분을 제외하고 ❶ 다단을 만들 영어 단어의 첫 부분에 커서를 두고 ❷ [쪽] 탭에서 ❸ '단'의 ∨를 눌러 ❹ '다단 설정'을 클릭합니다.

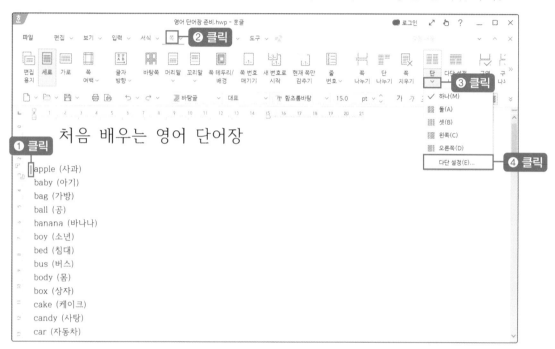

2 [단 설정] 대화 상자가 나타나면 ❶ '단 종류'는 '일반 다단', ❷ '자주 쓰이는 모양'은 '둘', ❸ '구분 선 넣기'에 체크 표시를 하고 종류와 굵기, 색은 다음과 같이 지정하고 ❹ [설정]을 클릭합니다.

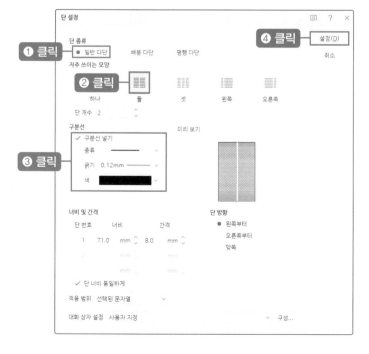

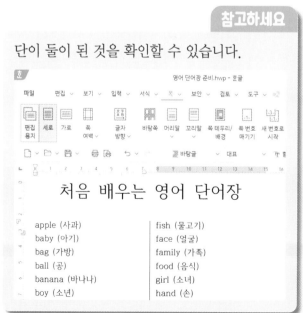

용도에 맞게 다단 변경하기

1 ❶ [쪽] 탭에서 ❷ '가로'를 클릭하여 문서를 가로 형태로 변경합니다.

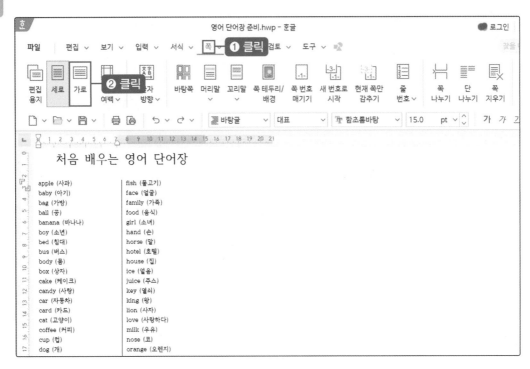

2 ❶ 다단을 변경할 영어 단어의 첫 부분에 커서를 두고 ❷ [쪽] 탭에서 ❸ '단'의 ∨를 눌러 ❹ '셋'을 클릭합니다.

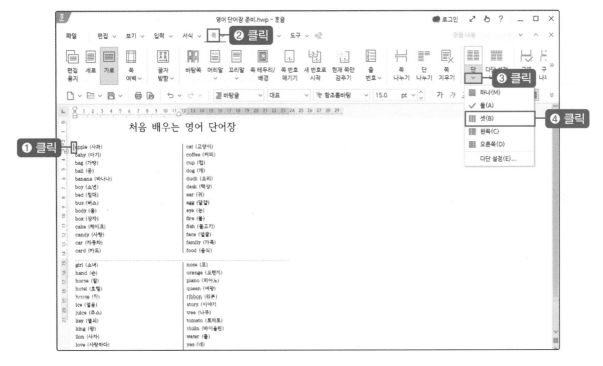

3 ❶ 단을 넷으로 하기 위해 영어 단어의 첫 부분에 커서를 위치시키고 ❷ [쪽] 탭에서 ❸ '단'의
∨를 눌러 ❹ '다단 설정'을 클릭합니다.

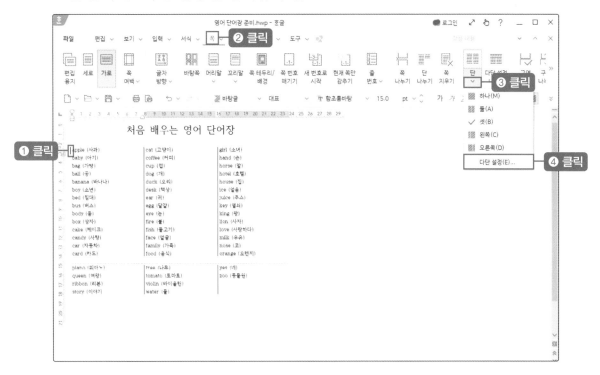

4 [단 설정] 대화 상자가 나타나면 ❶ '단 개수'를 '4', ❷ '너비 및 간격'에서 '간격'을 '5.0mm'로 입
력하고 ❸ [설정]을 클릭합니다.

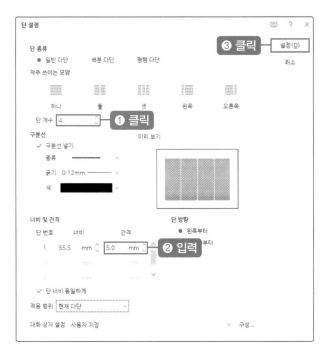

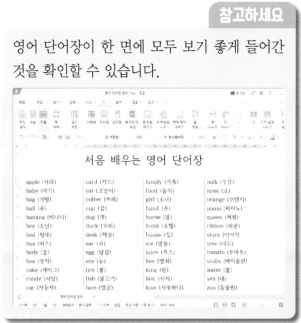

참고하세요

영어 단어장이 한 면에 모두 보기 좋게 들어간
것을 확인할 수 있습니다.

1 [단 설정] 대화 상자의 ❶ '단 종류'에서 '평행 다단', ❷ '자주 쓰이는 모양'에서 '둘'을 선택하고 ❸ [설정]을 클릭합니다.

2 영어 단어 연습장으로 활용할 수 있는 형태로 문서가 바뀌는 것을 확인할 수 있습니다. 용도에 맞게 다단을 설정해 보세요.

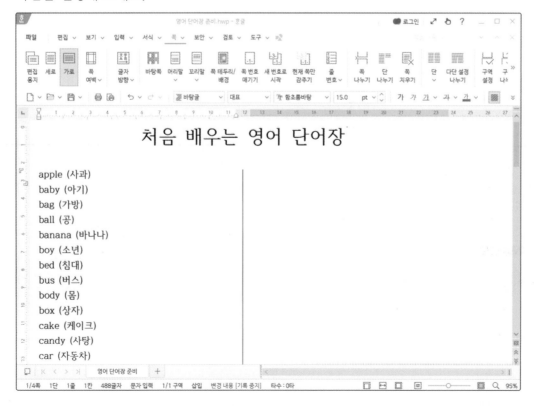

1 '영국 소개 준비.hwp' 파일에서 다단을 설정하여 다음과 같이 문서를 완성해 보세요.

영국은 어떤 나라인가요?

영국은 잉글랜드, 스코틀랜드, 북아일랜드, 웨일스 네 개의 왕국이 모여서 만들어진 나라예요. 여러 왕국이 모여서 만들어진 나라이니만큼 국기도 여러 왕국의 국기를 모아서 만들었어요. 이렇게 만들어진 영국 국기는 '**유니언 잭**'이라고 불리지요.

<타워 브릿지>

텐스강을 가로지르는 다리 좀 보세요. 타워 브릿지라는 유명한 다리인데 배가 지나갈 때면 다리의 가운데 부분이 위쪽으로 열린답니다.

<그리니치 천문대>

예전에는 기준이 되는 시간이 나라마다 달라서 매우 혼란스러웠어요. 이러한 혼란을 없애기 위해 영국에 있는 그리니치 천문대를 기준으로 시간을 정했대요. 그리니치 천문대는 전 세계 시간의 기준이 되었지요.

영국 소개 완성   +

다단이 시작되는 첫 부분에 커서를 놓고 [쪽] 탭에서 '단'의 ∨를 눌러 '다단 설정' 클릭

[단 설정] 대화 상자에서 '구분선 넣기' 클릭

19 머리말/꼬리말, 주석, 쪽 번호 삽입하기

페이지 맨 위와 아래에 고정적으로 반복되는 '머리말'과 '꼬리말'에는 보통 제목, 쪽 번호 등을 넣습니다. 주석은 본문 내용에 대한 보충 설명을 제시할 때 사용하는데 본문의 아래에 표기하는 '각주'와 본문의 마지막에 정리하는 '미주'가 있습니다.

➤➤ 머리말과 꼬리말을 삽입해 봅니다.

➤➤ 각주와 쪽 번호를 삽입해 봅니다.

배울 내용 미리 보기

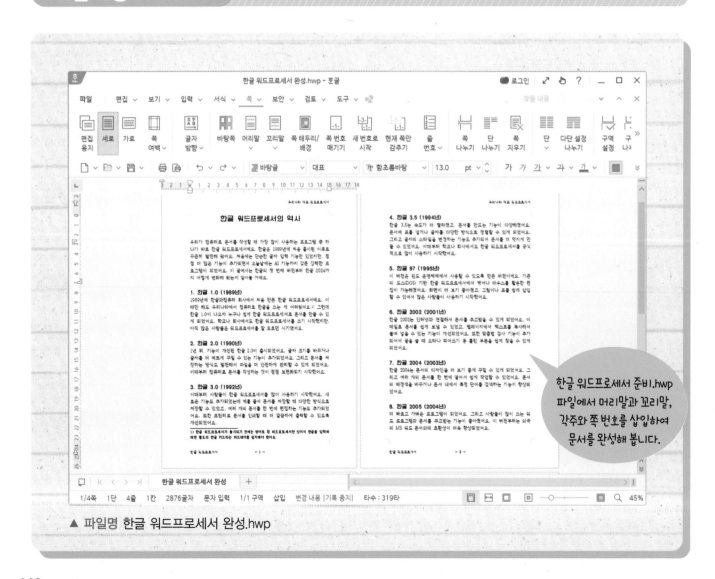

한글 워드프로세서 준비.hwp 파일에서 머리말과 꼬리말, 각주와 쪽 번호를 삽입하여 문서를 완성해 봅니다.

▲ 파일명 한글 워드프로세서 완성.hwp

머리말/꼬리말 삽입하기

1 '한글 워드프로세서 준비.hwp' 파일에서 ❶ [쪽] 탭의 ❷ '머리말'을 클릭합니다. ❸ '위쪽'의 ❹ '양쪽'을 선택한 후 ❺ '(모양 없음)'을 클릭합니다.

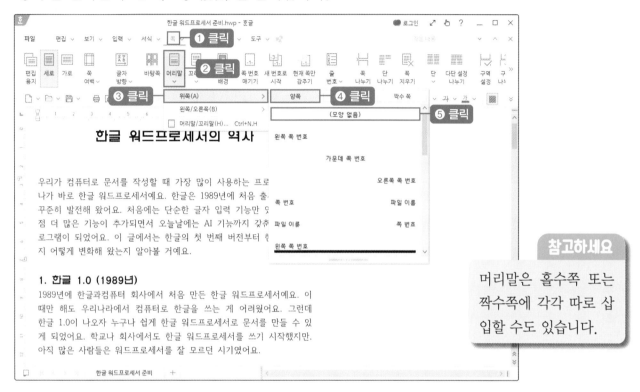

> **참고하세요**
> 머리말은 홀수쪽 또는 짝수쪽에 각각 따로 삽입할 수도 있습니다.

2 '머리말(양쪽)' 영역에서 ❶ "우리나라 대표 워드프로세서"를 입력합니다. 서식 도구 상자에서 ❷ 글꼴은 '함초롬바탕', 글자 크기는 '10pt', ❸ 정렬 방식은 '오른쪽 정렬'로 설정합니다.

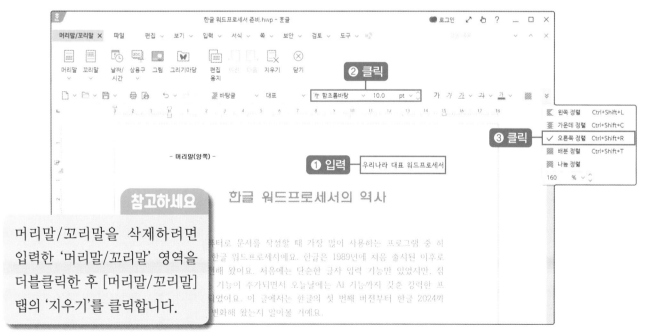

> **참고하세요**
> 머리말/꼬리말을 삭제하려면 입력한 '머리말/꼬리말' 영역을 더블클릭한 후 [머리말/꼬리말] 탭의 '지우기'를 클릭합니다.

3 ❶ [머리말/꼬리말] 탭에서 ❷ '꼬리말'을 클릭하고 ❸ '양쪽'의 ❹ '(모양 없음)'을 선택합니다.

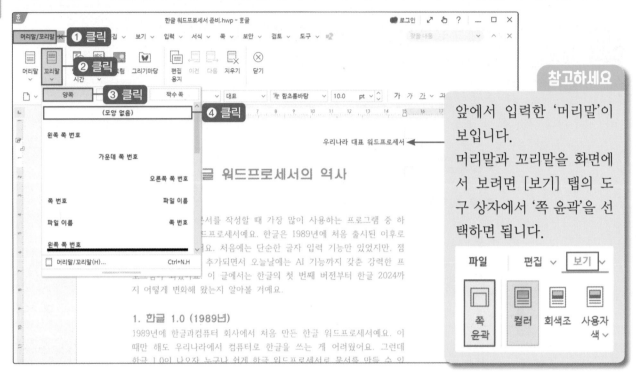

앞에서 입력한 '머리말'이 보입니다.
머리말과 꼬리말을 화면에서 보려면 [보기] 탭의 도구 상자에서 '쪽 윤곽'을 선택하면 됩니다.

4 '꼬리말' 영역으로 이동하면 ❶ "한글 워드프로세서"를 입력합니다. 서식 도구 상자에서 ❷ 글꼴은 '함초롬바탕', 글자 크기는 '10pt', ❸ 정렬 방식은 '양쪽 정렬'로 설정합니다. '머리말/꼬리말' 영역을 빠져나오기 위해 ❹ [닫기]를 클릭합니다.

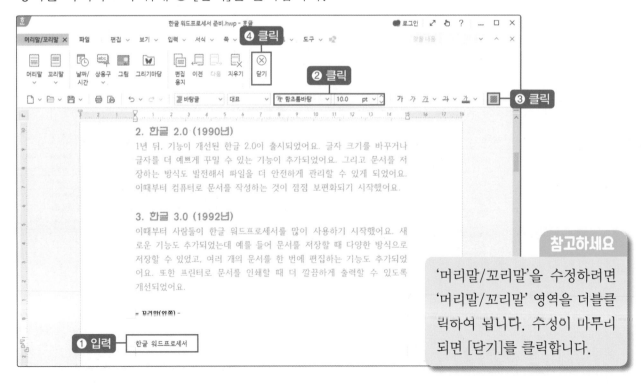

'머리말/꼬리말'을 수정하려면 '머리말/꼬리말' 영역을 더블클릭하여 줍니다. 수정이 마무리되면 [닫기]를 클릭합니다.

2 각주 삽입하기

1 단어의 설명이나 인용 구문을 넣기 위해 ❶ '어려웠어요.' 뒤에 커서를 놓은 후 ❷ [입력] 탭의 ❸ [각주]를 클릭합니다.

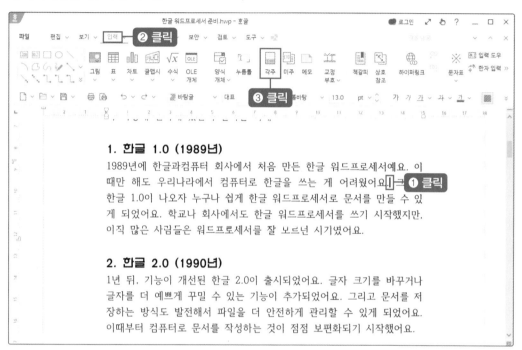

2 각주 영역에 ❶ 다음과 같이 입력하고 ❷ [닫기]를 클릭합니다.

한글 워드프로세서가 출시되기 전에는 영어로 된 워드프로세서만 있어서 한글을 입력하려면 별도의 한글 카드라는 하드웨어를 설치해야 했어요.

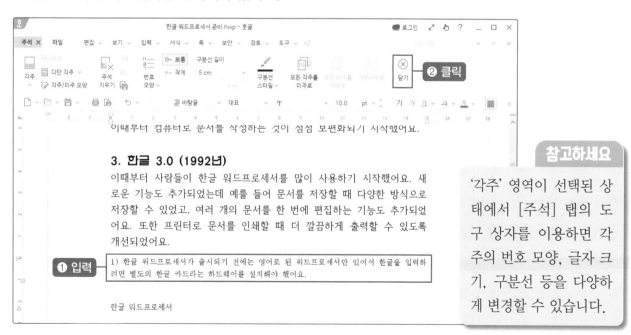

> **참고하세요**
>
> '각주' 영역이 선택된 상태에서 [주석] 탭의 도구 상자를 이용하면 각주의 번호 모양, 글자 크기, 구분선 등을 다양하게 변경할 수 있습니다.

1 쪽 번호를 넣기 위해 ❶ [쪽] 탭의 ❷ '쪽 번호 매기기'를 클릭합니다.

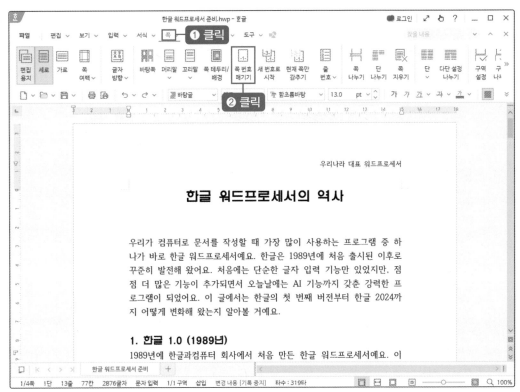

2 [쪽 번호 매기기] 대화 상자가 나타나면 ❶ '쪽 번호' 위치와 ❷ '번호 모양', '시작 번호', '줄표 넣기'를 선택한 후 ❸ [넣기]를 클릭합니다.

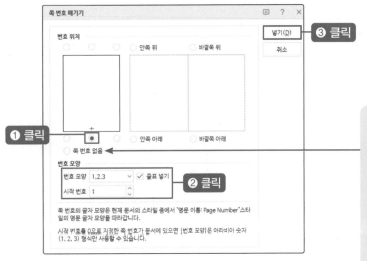

참고하세요

쪽 번호는 꼬리말 영역에 삽입해도 됩니다. 쪽 번호를 삭제하려면 [쪽 번호 매기기] 대화 상자에서 '쪽 번호 없음'을 클릭하면 됩니다. 만약 여러 차례 쪽 번호를 삽입하여 수정이 한 번에 안 되면 [보기] 탭의 '조판 부호'를 클릭하여 조판 부호로 표시된 '쪽 번호 위지'를 찾아 삭제합니다.

도전! 혼자 풀어 보세요!

1 '북극곰 준비.hwp' 파일에서 머리말과 꼬리말, 각주, 쪽 번호를 삽입하여 다음과 같이 문서를 완성해 보세요.

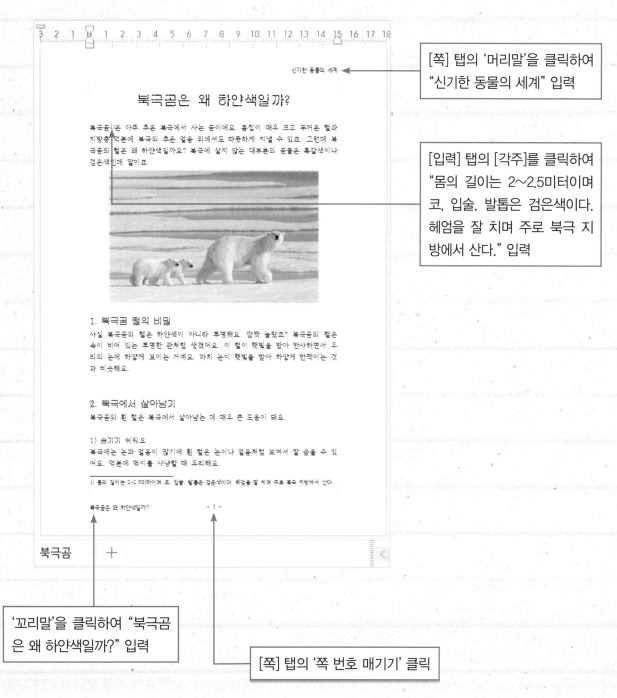

[쪽] 탭의 '머리말'을 클릭하여 "신기한 동물의 세계" 입력

[입력] 탭의 [각주]를 클릭하여 "몸의 길이는 2~2.5미터이며 코, 입술, 발톱은 검은색이다. 헤엄을 잘 치며 주로 북극 지방에서 산다." 입력

'꼬리말'을 클릭하여 "북극곰은 왜 하얀색일까?" 입력

[쪽] 탭의 '쪽 번호 매기기' 클릭

차례 자동 생성하기

차례 만들기 기능으로 문서의 차례를 자동으로 생성할 수 있습니다. 페이지가 추가되거나 삭제되어 쪽 번호가 바뀌면 '차례 새로 고침' 기능을 활용하여 차례의 쪽 번호를 수정할 수 있습니다.

▸▸ 차례를 만들어 봅니다.

▸▸ 쪽 번호가 변경되었을 때 차례를 수정해 봅니다.

배울 내용 미리 보기

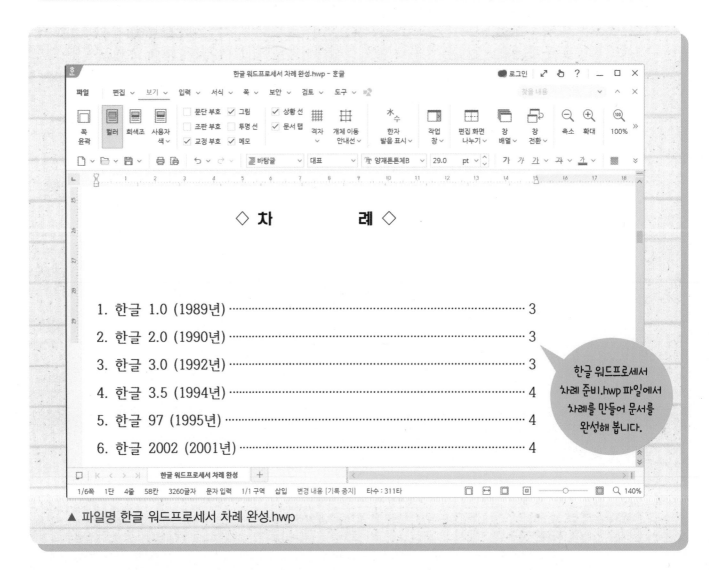

한글 워드프로세서 차례 준비.hwp 파일에서 차례를 만들어 문서를 완성해 봅니다.

▲ 파일명 한글 워드프로세서 차례 완성.hwp

제목 차례 표시하여 차례 만들기

1 '한글 워드프로세서 차례 준비.hwp' 파일의 2쪽에서 ❶ '1. 한글 1.0 (1989년)' 앞을 클릭하고 ❷ [도구] 탭의 ❸ '제목 차례'를 선택한 후 ❹ '제목 차례 표시'를 클릭합니다.

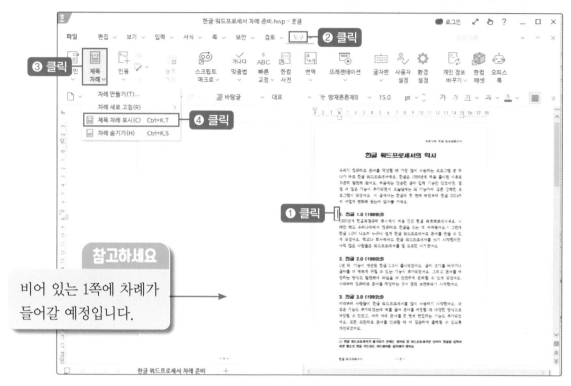

참고하세요

비어 있는 1쪽에 차례가
들어갈 예정입니다.

2 다른 제목들도 위와 같은 방법으로 모두 '제목 차례 표시'를 합니다. ❶ [보기] 탭의 ❷ '조판 부호' 를 선택하면 ❸ [제목 차례]로 표시된 것을 확인할 수 있습니다. '제목 차례 표시'를 확인한 후 [보 기] 탭의 '조판 부호'는 체크를 해제합니다.

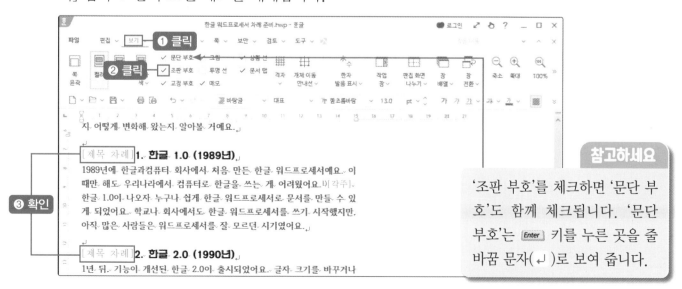

참고하세요

'조판 부호'를 체크하면 '문단 부
호'도 함께 체크됩니다. '문단
부호'는 Enter 키를 누른 곳을 줄
바꿈 문자(↵)로 보여 줍니다.

3 차례를 만들 1쪽 상단에 커서를 두고 ❶ [도구] 탭의 ❷ '제목 차례'에서 ❸ '차례 만들기'를 클릭합니다.

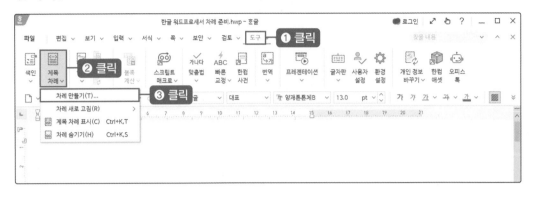

4 [차례 만들기] 대화 상자가 나타나면 ❶ '차례 형식'은 '필드로 넣기', ❷ '만들 차례'는 '제목 차례'와 ❸ '차례 코드로 모으기'를 선택합니다. ❹ '탭 모양'은 '오른쪽 탭'과 '채울 모양'은 '점선'을 선택합니다. ❺ '만들 위치'는 '현재 문서의 커서 위치'를 선택한 후 ❻ [만들기]를 클릭합니다.

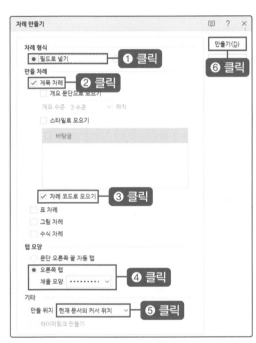

5 1쪽에 다음과 같이 '제목 차례'가 삽입되었습니다.

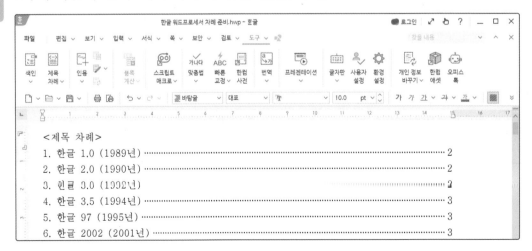

② 차례 새로 고치기

1 ❶ '〈제목 차례〉' 앞에 마우스를 클릭한 후 ❷ [쪽] 탭의 ❸ '쪽 나누기'를 클릭합니다.

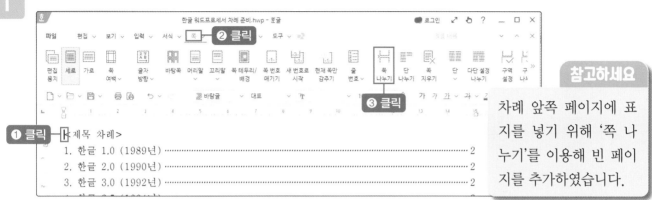

참고하세요

차례 앞쪽 페이지에 표지를 넣기 위해 '쪽 나누기'를 이용해 빈 페이지를 추가하였습니다.

2 모든 페이지가 한 페이지씩 뒤로 밀렸습니다. 목차의 쪽 번호를 변경하기 위해 ❶ [도구] 탭의 ❷ '제목 차례'에서 ❸ '차례 새로 고침'의 ❹ '모든 차례 새로 고침'을 클릭합니다.

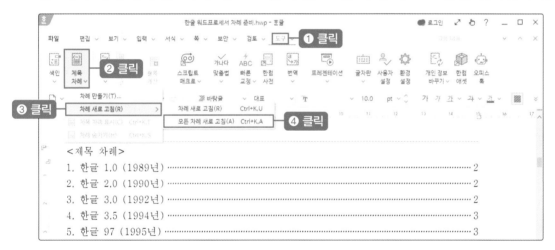

3 차례 표시의 쪽이 모두 변경되었습니다.

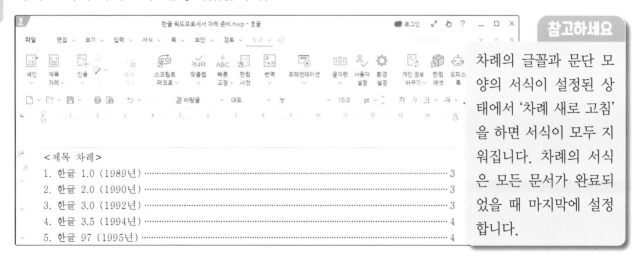

참고하세요

차례의 글꼴과 문단 모양의 서식이 설정된 상태에서 '차례 새로 고침'을 하면 서식이 모두 지워집니다. 차례의 서식은 모든 문서가 완료되었을 때 마지막에 설정합니다.

4 불필요한 내용은 삭제하고 글자 모양과 문단 모양을 변경해서 차례 페이지를 다음과 같이 보기 좋게 수정해 봅니다.

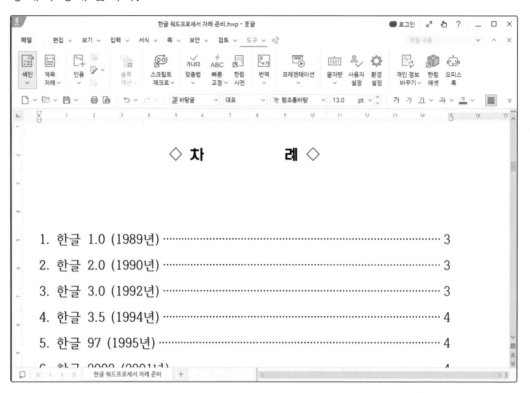

5 차례 앞쪽의 빈 페이지에 '한글 워드프로세서의 역사'라는 제목을 입력해서 다음과 같이 6쪽의 문서를 완성해 봅니다.

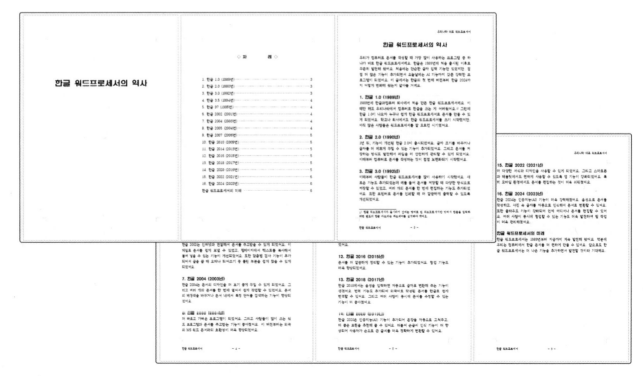

도전! 혼자 풀어 보세요!

1 '북극곰 차례 준비.hwp' 파일에서 차례에 포함시킬 제목에 '제목 차례 표시'를 달아 보세요.

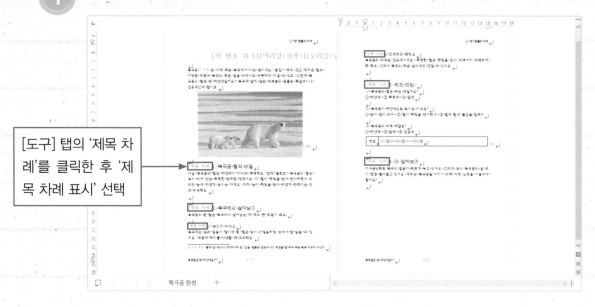

[도구] 탭의 '제목 차례'를 클릭한 후 '제목 차례 표시' 선택

2 '북극곰 차례 준비.hwp' 파일에서 표지와 차례를 만들어 문서를 완성해 보세요.

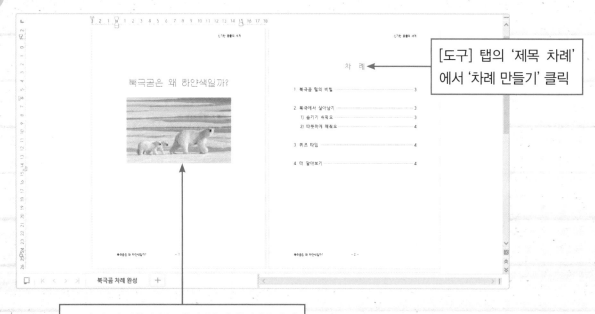

[도구] 탭의 '제목 차례'에서 '차례 만들기' 클릭

표지의 사진은 본문에서 복사해서 붙이기

책갈피와 하이퍼링크 삽입하기

문서의 양이 많은 경우 책갈피와 하이퍼링크를 이용하면 문서의 내부 또는 외부의 특정한 위치로 바로 연결하여 찾고자 하는 내용으로 빠르게 이동할 수 있습니다.

➤➤ 책갈피를 설정하고 이동해 봅니다.

➤➤ 하이퍼링크를 설정해 봅니다.

배울 내용 미리 보기

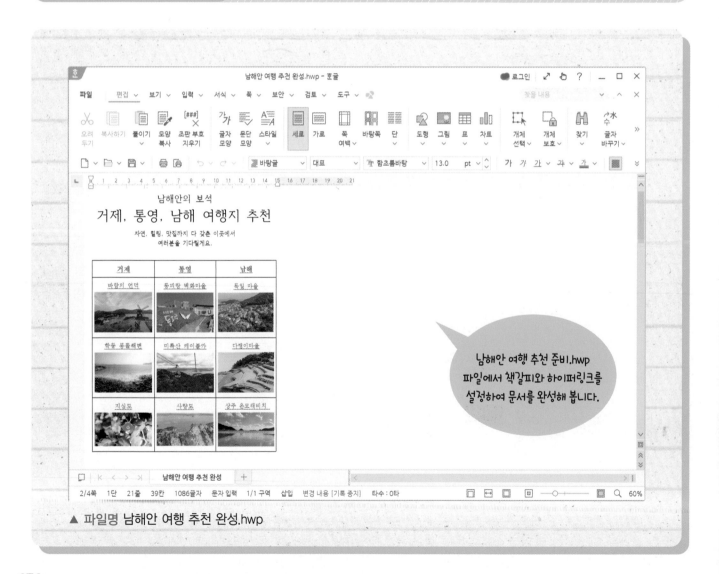

남해안 여행 추천 준비.hwp 파일에서 책갈피와 하이퍼링크를 설정하여 문서를 완성해 봅니다.

▲ 파일명 남해안 여행 추천 완성.hwp

1 책갈피 넣기와 이동하기

1 '남해안 여행 추천 준비.hwp' 파일에서 **①** 2쪽의 '〈거제〉'를 블록으로 설정하고 **②** [입력] 탭의 **③** '책갈피'를 클릭합니다. **④** [책갈피] 대화 상자가 나타나면 '책갈피 이름'이 '〈거제〉'로 입력되어 있는지 확인하고 **⑤** [넣기]를 클릭합니다.

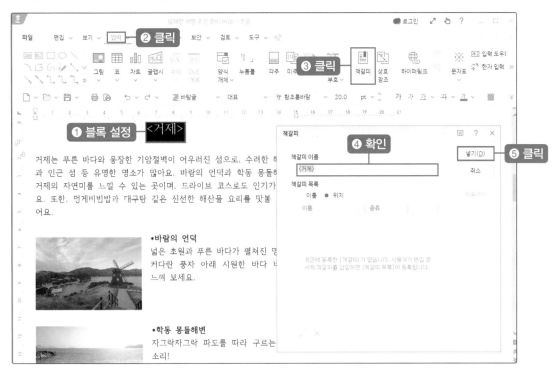

2 **①** 3쪽의 '〈통영〉'을 블록으로 설정하고 **②** [입력] 탭의 **③** '책갈피'를 클릭합니다. **④** [책갈피] 대화 상자가 나타나면 '책갈피 이름'이 '〈통영〉'으로 입력되어 있는지 확인하고 **⑤** [넣기]를 클릭합니다.

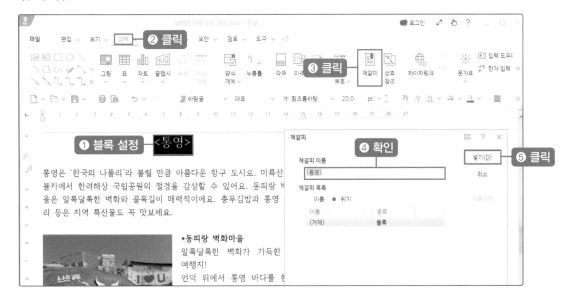

3 4쪽의 '〈남해〉'도 같은 방법으로 책갈피를 넣습니다. 책갈피가 제대로 설정되었는지 확인하기 위해 ❶ [입력] 탭의 ❷ '책갈피'를 클릭합니다. ❸ [책갈피] 대화 상자가 나타나면 '책갈피 목록'에서 '〈통영〉'을 선택한 후 ❹ [이동]을 클릭합니다.

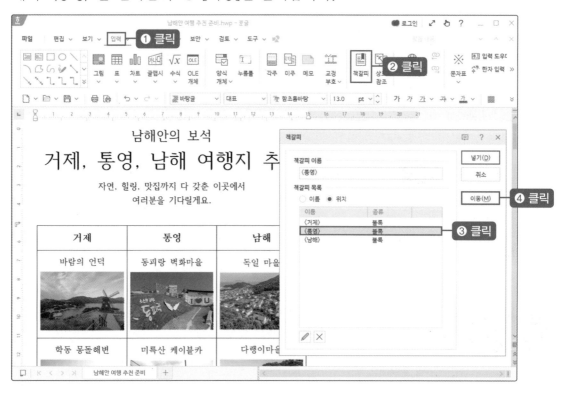

4 책갈피가 제대로 설정되었다면 '〈통영〉'으로 이동하는 것을 확인할 수 있습니다.

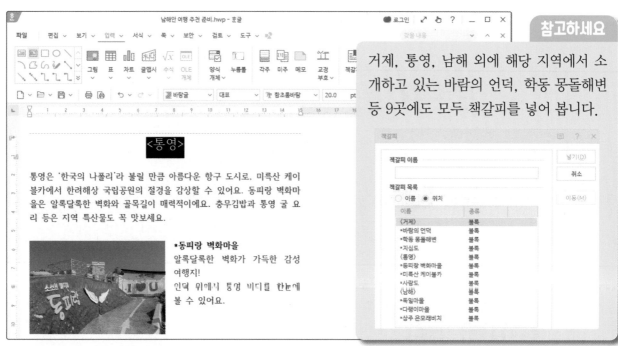

참고하세요

거제, 통영, 남해 외에 해당 지역에서 소개하고 있는 바람의 언덕, 학동 몽돌해변 등 9곳에도 모두 책갈피를 넣어 봅니다.

156

책갈피에 하이퍼링크 설정하기

1 하이퍼링크를 연결하기 위해 ❶ 1쪽의 '거제'를 블록으로 설정합니다. ❷ [입력] 탭의 ❸ '하이퍼링크'를 클릭합니다.

2 [하이퍼링크] 대화 상자가 나타나면 '연결 대상'에서 ❶ [한글 문서] 탭을 클릭합니다. '현재 문서'의 ❷ 책갈피에서 '〈거제〉'를 선택하고 ❸ [넣기]를 클릭합니다.

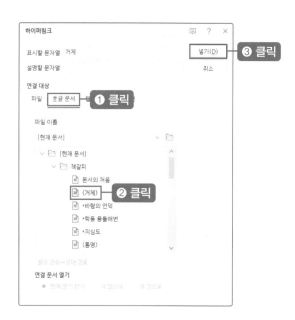

3 ❶ 1쪽의 '거제'를 클릭하면 ❷ 2쪽의 '〈거제〉'로 이동합니다.

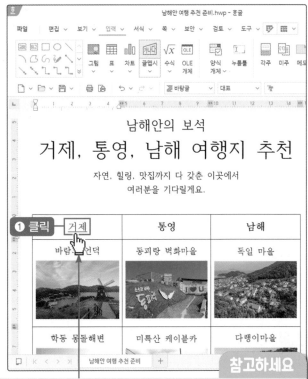

> 하이퍼링크가 연결되면 블록으로 지정한 글자가 파란색으로 바뀝니다. 바뀐 글자에 마우스 포인터를 갖다대면 손가락 모양으로 변경됩니다.

참고하세요

4 ❶ 1쪽의 '통영'을 블록으로 설정합니다. ❷ [입력] 탭의 ❸ '하이퍼링크'를 클릭합니다.

5 [하이퍼링크] 대화 상자가 나타나면 '연결 대상'에서 ❶ [한글 문서] 탭을 클릭합니다. '현재 문서'의 ❷ 책갈피에서 '〈통영〉'을 선택하고 ❹ [넣기]를 클릭합니다.

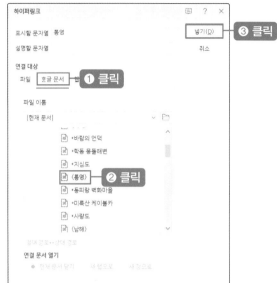

6 같은 방법으로 1쪽의 '남해', '바람의 언덕', '동피랑 벽화마을', '독일 마을' 등도 [하이퍼링크]를 설정해 봅니다.

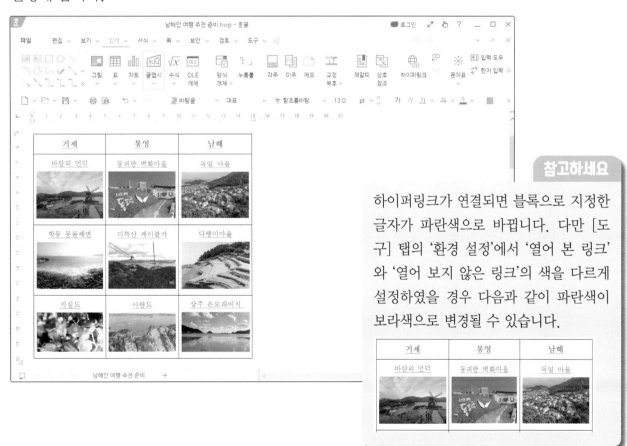

참고하세요

하이퍼링크가 연결되면 블록으로 지정한 글자가 파란색으로 바뀝니다. 다만 [도구] 탭의 '환경 설정'에서 '열어 본 링크'와 '열어 보지 않은 링크'의 색을 다르게 설정하였을 경우 다음과 같이 파란색이 보라색으로 변경될 수 있습니다.

7 [하이퍼링크]가 제대로 설정되어 있는지 해당 글자를 모두 클릭하여 확인해 봅니다. 만약 [하이퍼링크]가 잘못 설정되어 있다면 ❶ 해당 글자 앞에 커서를 위치시키고 ❷ [입력] 탭의 ❸ '하이퍼링크'를 클릭합니다.

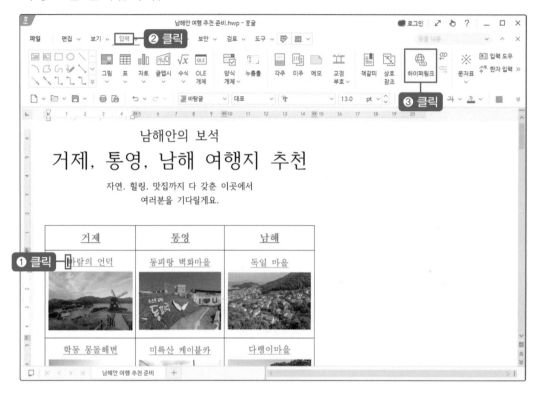

8 [하이퍼링크 고치기] 대화 상자가 나타나면 '파일 이름'에서 ❶ '*바람의 언덕'을 선택하고 ❷ [고치기]를 클릭합니다.

참고하세요

하이퍼링크를 삭제하려면 [하이퍼링크 고치기] 대화 상자에서 [링크 지우기]를 선택하면 됩니다.

1 '우리나라 역사 준비.hwp' 파일에서 본문의 제목 10개에 '책갈피'를 넣어 보세요.

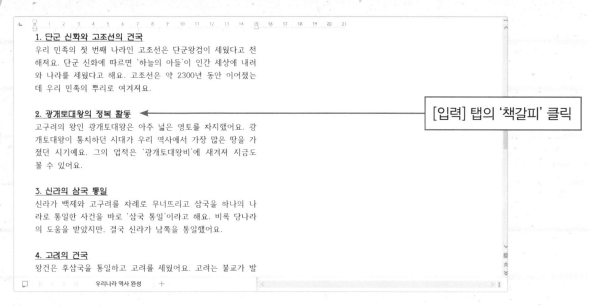

[입력] 탭의 '책갈피' 클릭

2 책갈피를 넣은 '우리나라 역사 준비.hwp' 파일에서 하이퍼링크를 설정하여 문서를 완성해 보세요.

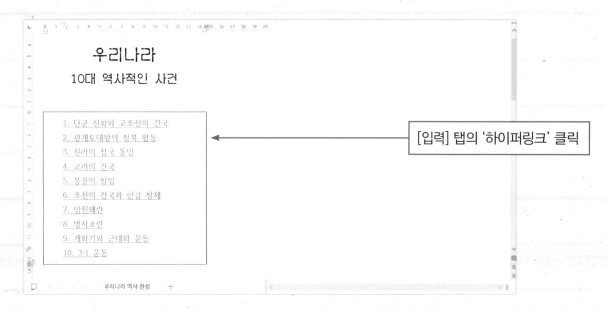

[입력] 탭의 '하이퍼링크' 클릭

메일 머지로 초대장 만들기

메일 머지는 동일한 문서 형식에 이름이나 주소 등만 달리하여 수십, 수백 통의 문서를 한 꺼번에 만드는 기능입니다. 메일 머지를 수행하기 위해서는 이름, 주소 등이 포함된 데이 터 파일과 편지, 초대장 등의 서식 파일이 필요합니다.

➡➡ 메일 머지 표시를 달아 서식 파일을 만들어 봅니다.

➡➡ 초대장을 발송할 이름을 입력해 데이터 파일을 만들어 봅니다.

➡➡ 메일 머지를 이용해 초대장을 만들어 봅니다.

배울 내용 미리 보기

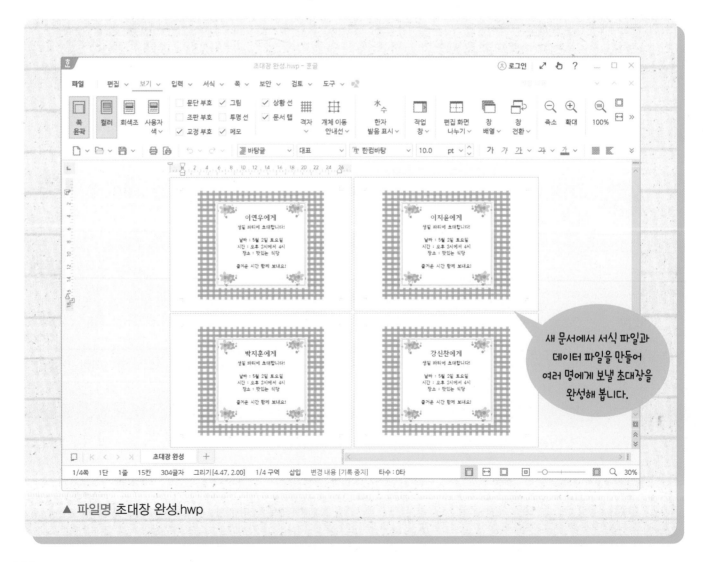

새 문서에서 서식 파일과 데이터 파일을 만들어 여러 명에게 보낼 초대장을 완성해 봅니다.

▲ 파일명 초대장 완성.hwp

메일 머지 표시 달기

1 '새 문서'에서 **❶** [파일] 탭의 **❷** '문서마당'을 클릭합니다.

2 [문서마당] 대화 상자가 나타나면 **❶** [문서마당 꾸러미] 탭의 **❷** '가정 문서'에서 **❸** '생활 메모장'을 선택히고 **❹** [열기]를 클릭합니다.

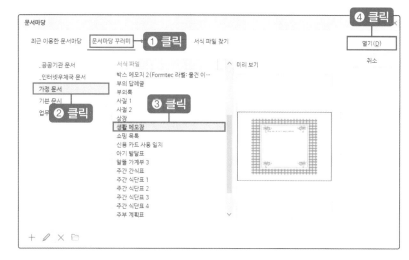

3 '생활 메모장' 서식 파일이 나타납니다.

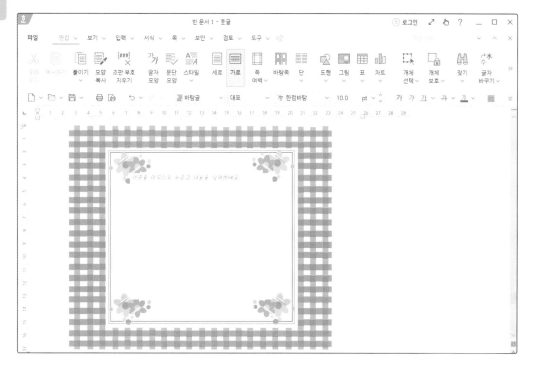

4 '누름틀'을 클릭하여 다음과 같이 내용을 입력하고 '글자 모양'과 '문단 모양'을 설정합니다.

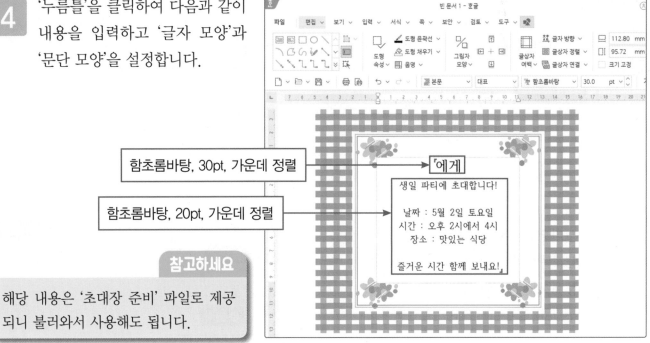

함초롬바탕, 30pt, 가운데 정렬

함초롬바탕, 20pt, 가운데 정렬

에게

생일 파티에 초대합니다!

날짜 : 5월 2일 토요일
시간 : 오후 2시에서 4시
장소 : 맛있는 식당

즐거운 시간 함께 보내요!

5 모든 입력이 끝나면 ❶ [파일] 탭의 ❷ '다른 이름으로 저장하기'를 클릭합니다.

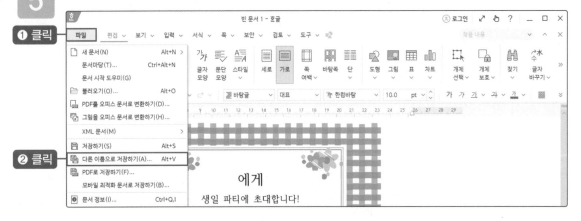

6 '다른 이름으로 저장하기' 대화 상자가 나타나면 하고 '파일 이름'에 ❶ '초대장 준비'를 입력하고 ❷ [저장]을 클릭합니다.

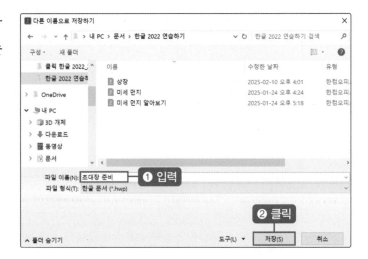

7 ❶ '에게' 앞에 커서를 놓고 ❷ [도구] 탭의 ∨를 클릭하여 ❸ '메일 머지'의 ❹ '메일 머지 표시 달기'를 클릭합니다.

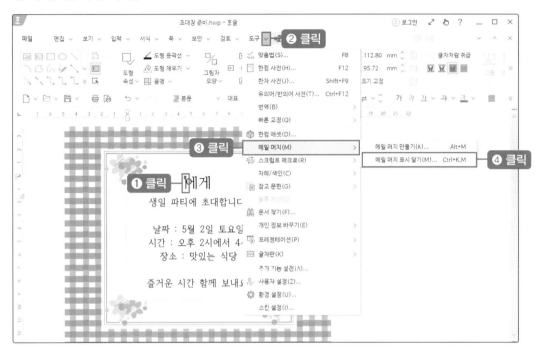

8 [메일 머지 표시 달기] 대화 상자가 나타나면 ❶ [필드 만들기] 탭을 클릭하고 필드 번호에 ❷ "1"을 입력하고 ❸ [넣기]를 클릭합니다.

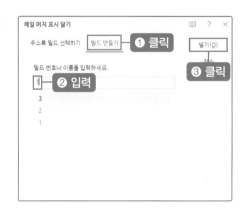

참고하세요

메일 머지가 제대로 작동되지 않을 경우 '한컴 자동 업데이트'를 진행한 뒤 다시 시도해 봅니다.

9 메일 머지 표시가 달렸는지 확인합니다.

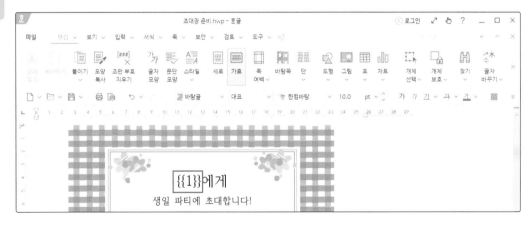

② 메일 머지 명단 만들기

1 [파일] 탭의 '새 문서'를 클릭합니다. '새 문서' 창이 열리면 첫 줄에 ❶ 필드 항목 수 "1"을 입력합니다. 두 번째 줄부터 초대할 이름을 다음과 같이 입력합니다.

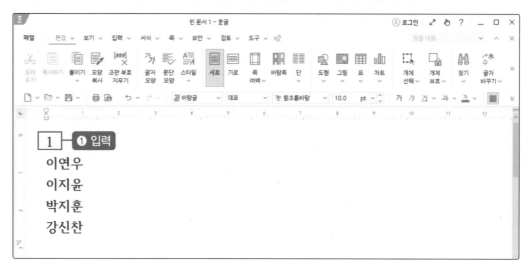

2 입력이 끝나면 ❶ [파일] 탭의 ❷ '다른 이름으로 저장하기'를 클릭합니다.

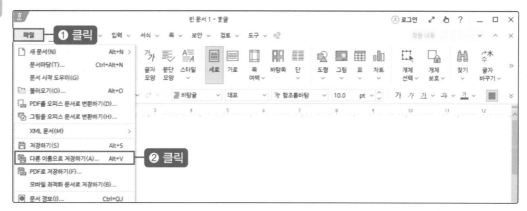

3 '다른 이름으로 저장하기' 대화 상자가 나타나면 하고 '파일 이름'에 ❶ '초대할 사람'을 입력하고 ❷ [저장]을 클릭합니다.

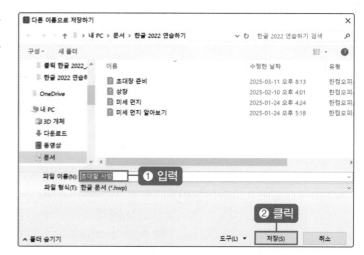

1 '초대장 준비.hwp' 파일로 돌아와 ❶ [도구] 탭의 ∨를 클릭하여 ❷ '메일 머지'의 ❸ '메일 머지 만들기'를 클릭합니다.

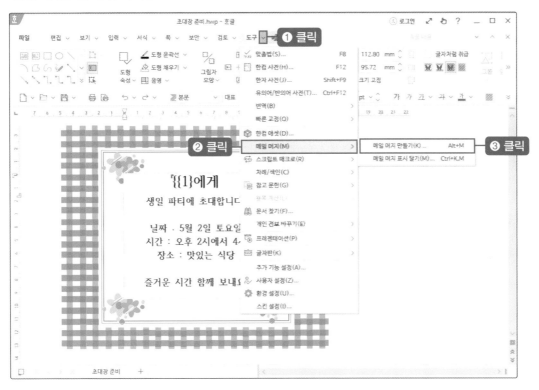

2 [메일 머지 만들기] 대화 상자가 나타 나면 자료 종류는 ❶ '흔글 파일'을 선 택하고 ❷ '파일 선택'을 클릭하여 '초 대할 사람.hwp' 파일을 선택합니다. 출력 방향은 ❸ '화면'으로 선택하고 ❹ [만들기]를 클릭합니다.

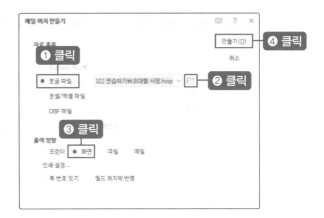

참고하세요

출력 방향을 '파일'로 선택하면 여러 명에게 보낼 초대장이 한 개의 파일로 저장됩니다.

3 미리 보기 창에서 ❶ '쪽 보기'를 클릭하여 ❷ '여러 쪽'에서 >를 선택하고 ❸ 마우스를 드래그하여 2줄×2칸으로 영역 설정합니다.

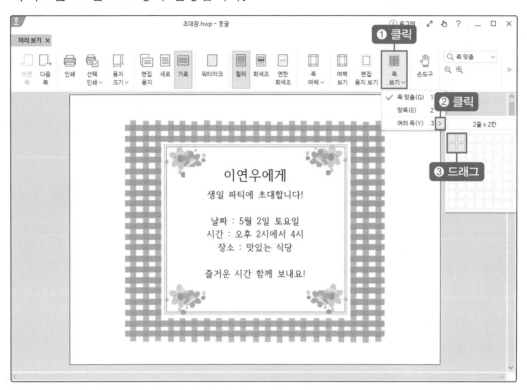

4 4명에게 보낼 초대장이 완성되었습니다.

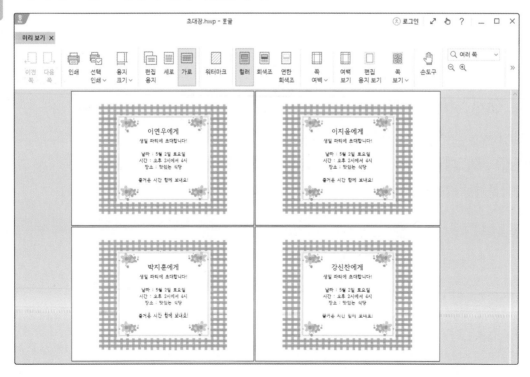

1 '졸업장 준비.hwp' 파일에서 메일 머지 기능을 활용하여 다음과 같이 졸업장을 완성해 보세요.

메일 머지 명단
졸업할 사람.hwp

맞춤법 검사하기

맞춤법 검사 기능을 활용하면 표준국어대사전을 비롯한 다양한 사전을 기반으로, 정확하고 올바른 단어를 제시받아 틀린 글자를 쉽게 수정할 수 있습니다.

▶▶ 맞춤법 기능을 활용하여 틀린 글자를 수정해 봅니다.

배울 내용 미리 보기

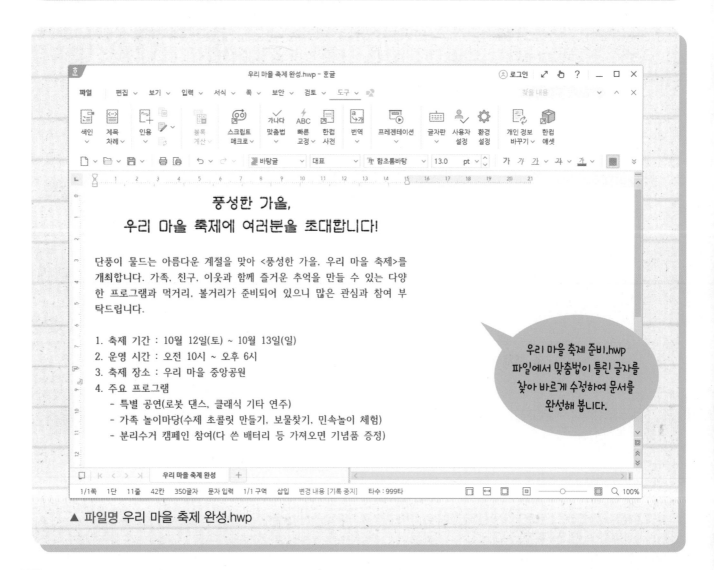

우리 마을 축제 준비.hwp 파일에서 맞춤법이 틀린 글자를 찾아 바르게 수정하여 문서를 완성해 봅니다.

▲ 파일명 우리 마을 축제 완성.hwp

① 틀린 글자 수정하기

1 '우리 마을 축제 준비.hwp' 파일에서 ❶ 문서의 제일 처음을 클릭하고 ❷ [도구] 탭의 ❸ '맞춤법'을 선택합니다. '맞춤법 검사/교정' 대화 상자가 나타나면 ❹ '시작'을 클릭합니다.

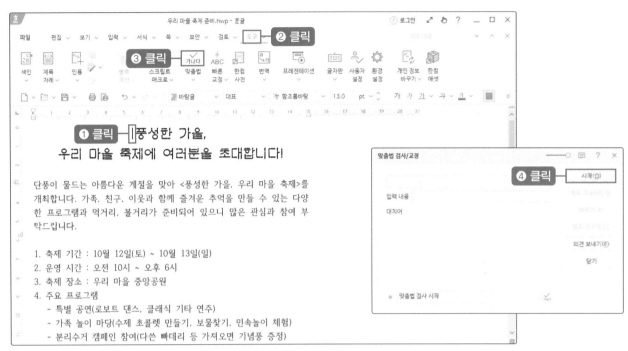

2 문서에서 '즐거운'에 블록이 자동으로 설정됩니다. '맞춤법 검사/교정' 대화 상자의 ❶ '대치어'에서 '즐거운'을 선택하고 ❷ [바꾸기]를 클릭합니다.

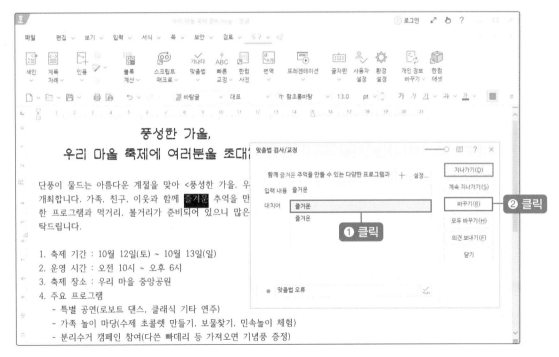

3 문서에서 '즐거운'이 ❶ '즐거운'으로 바뀐 것을 확인할 수 있습니다. 다음으로 '로보트' 단어를 '로봇'으로 바꾸기 위해 '맞춤법 검사/교정' 대화 상자에서 ❷ [바꾸기]를 클릭합니다.

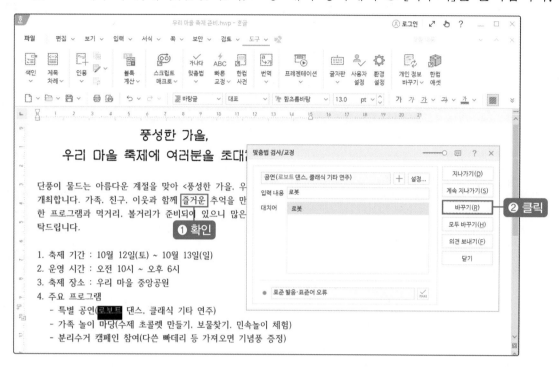

4 '놀이 마당' 단어를 '놀이마당'으로 바꾸기 위해 '맞춤법 검사/교정' 대화 상자에서 ❶ [바꾸기]를 클릭합니다.

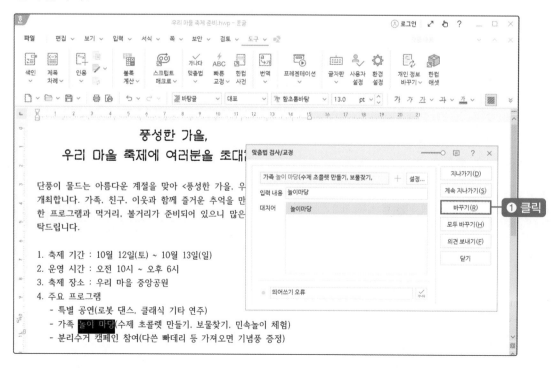

5 '초콜렛'을 '초콜릿'으로, '다쓴'을 '다 쓴'으로, '빠데리'를 '배터리'로, '기념풍'을 '기념품'으로 맞춤법에 맞게 모두 바꿔 봅니다.

6 맞춤법 검사가 모두 끝나서 다음의 대화 상자가 나타나면 ❶ [검사]를 클릭합니다. 그러면 맞춤법 검사가 끝났다는 대화 상자가 뜹니다. ❷ [확인]을 클릭하여 맞춤법 검사를 마무리합니다.

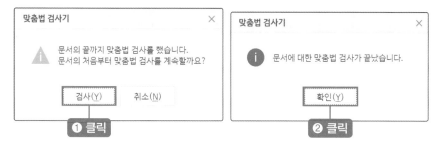

참고하세요

'빠른 교정 동작'은 문서 작성 중에 오류가 나타나면 바로 수정해 주는 기능입니다. ❶ [도구] 탭에서 ❷ '빠른 교정'을 클릭하고 ❸ '빠른 교정 동작'을 선택한 상태에서 ❹ "로보트"를 입력하면 '로봇'으로 자동 수정됩니다. '빠른 교정 동작'을 선택한 상태에서 글자를 입력할 때 '빠른 교정 내용'에 등록된 단어에 한해서 맞춤법에 맞게 자동으로 수정됩니다.

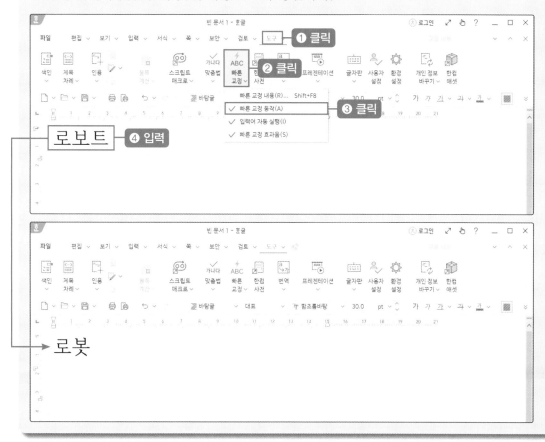

❶ "초콜렛"을 입력하고 ❷ [도구] 탭의 ❸ '환경 설정'을 선택해서 대화 상자가 나타나면 ❹ '맞춤법 도우미 작동'을 체크하고 ❺ [설정]을 클릭합니다.

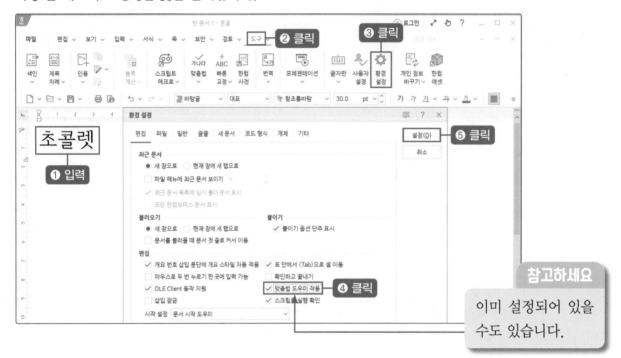

참고하세요
이미 설정되어 있을 수도 있습니다.

'초콜렛' 단어 아래 빨강 밑줄이 생긴 것을 확인할 수 있습니다. 이 항목을 선택해 놓으면 입력된 글자에 오류가 있을 때 빨강 밑줄이 생깁니다. ❻ '초콜렛' 글자 위에 커서를 놓고 마우스의 오른쪽 버튼을 눌러 빠른 메뉴가 나타나면 ❼ '초콜릿'을 클릭하여 맞춤법에 맞게 수정합니다.

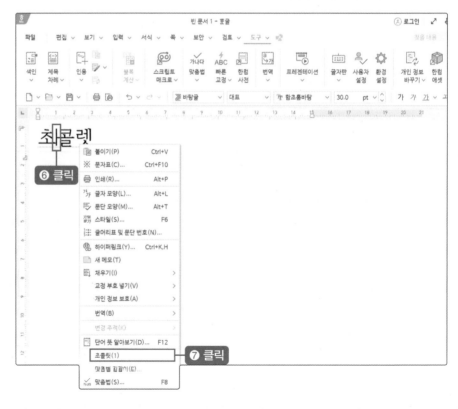

도전! 혼자 풀어 보세요!

① '우주 준비.hwp' 파일에서 맞춤법 기능을 활용하여 다음과 같이 틀린 글자를 수정해 보세요.

우주란 어떤 곳일까?

우주는 아주아주 넓은 공간이야.
지구, 태양, 달, 별들이 모두 우주에 속해 있어.
우주에 있는 수많은 별이 모여 은하를 만들어.
우리 지구는 태양이라는 별의 주위를 돌고 있어.
이런 별들과 행성들이 모인 걸 태양계 라고 해.
우수에는 우리가 모르는 신기한 것들도 많단다.
그래서 과학자들은 망원경이나 로켓을 이용해 우주를 연구하고 있어.
언젠가는 우리 모두 우주로 여행을 갈 수 있겠지?

우주 완성   +

[도구] 탭의 '맞춤법' 클릭

② '날씨 준비.hwp' 파일에서 맞춤법 기능을 활용하여 다음과 같이 틀린 글자를 수정해 보세요.

날씨란 무엇일까?

날씨는 우리가 매일 느끼는 하늘의 상태를 말해.
비가 오거나 눈이 내리거나 햇빛이 쨍쨍한 것도 모두 날씨야.
바람이 부는지 기온이 높은지 낮은지도 날씨에 들어가.
날씨는 구름, 공기, 태양, 바람 등이 함께 어우러져서 생기는 거야.
기상청에서는 위성과 기계를 이용해서 날씨를 예측한단다.
그래서 우리는 비가 오지 않아도 미리 우산을 챙길 수 있어.
날씨는 매일 바뀌니까 늘 확인하는 습관이 필요해.
날씨가 좋으면 밖에서 마음껏 뛰어놀 수 있어서 참 좋아!

날씨 완성   +

[도구] 탭의 '맞춤법' 클릭

보안 문서 설정하기

보안 기능을 활용하면 인쇄나 복사 기능을 제한하고 읽기전용의 배포용 문서로 설정할 수 있습니다. 또한 문서에서 전화번호, 주민 등록 번호, 주소, 이메일 등의 개인 정보를 식별하기 어려운 특수 문자로 변경할 수 있습니다.

➤➤ 문서에 개인 정보 보호를 설정해 봅니다.

➤➤ 읽기전용의 배포용 문서를 만들어 봅니다.

배울 내용 미리 보기

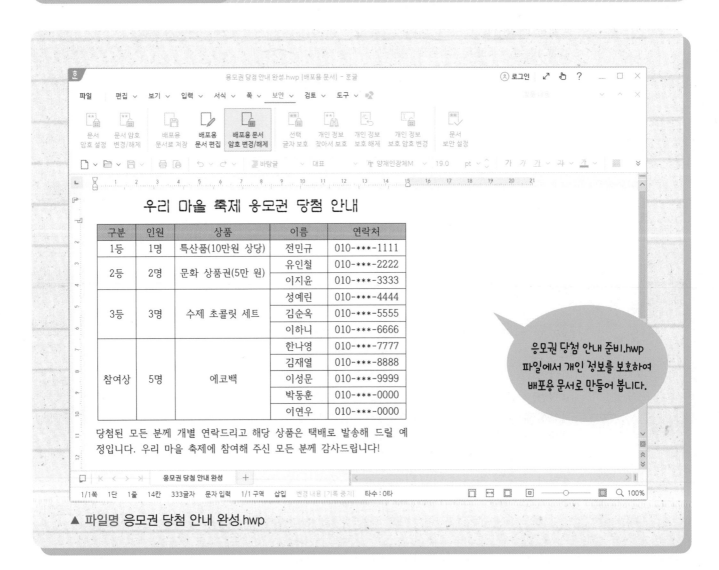

응모권 당첨 안내 준비.hwp 파일에서 개인 정보를 보호하여 배포용 문서로 만들어 봅니다.

▲ 파일명 응모권 당첨 안내 완성.hwp

개인 정보 보호하기

1 '응모권 당첨 안내 준비.hwp' 파일에서 ❶ [보안] 탭의 ❷ '개인 정보 찾아서 보호'를 클릭합니다. [개인 정보 보호하기] 대화 상자가 나타나면 ❸ '전화번호'를 선택하고 ❹ '표시 형식 선택'을 클릭합니다.

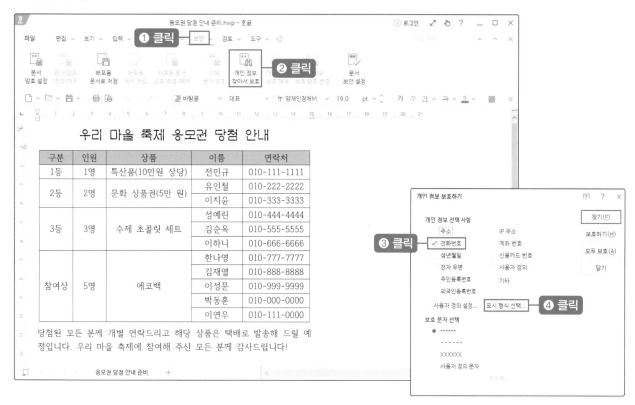

2 [표시 형식 선택] 대화 상자가 나타나면 ❶ '형식 목록'에서 'NNN–****–NNNN' 형식을 선택한 후 ❷ [설정]을 클릭합니다.

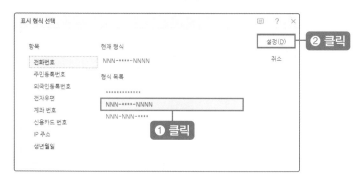

3 [개인 정보 보호하기] 대화 상자의 ❶ '보호 문자 선택'에서 '******'을 클릭하고 ❷ '모두 보호'를 선택하면 [개인 정보 보호 암호 설정] 대화 상자가 나타납니다. [개인 정보 보호 암호 설정] 대화 상자에서 ❸ '보호 암호 설정'과 '암호 확인'에 "12345"을 입력한 후 ❹ [설정]을 클릭합니다.

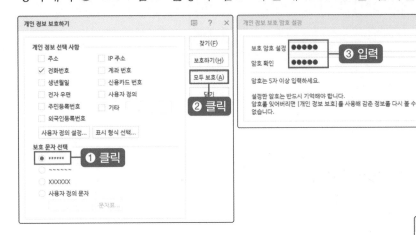

4 [개인 정보 보호하기] 대화 상자가 다시 나타나면 ❶ [확인]과 ❷ [닫기]를 차례로 클릭합니다.

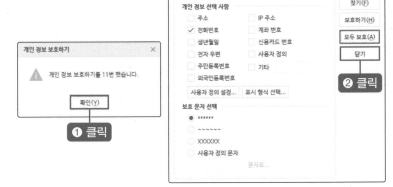

5 문서에서 연락처 항목의 전화번호가 모두 개인 정보 보호 처리되었음을 확인할 수 있습니다.

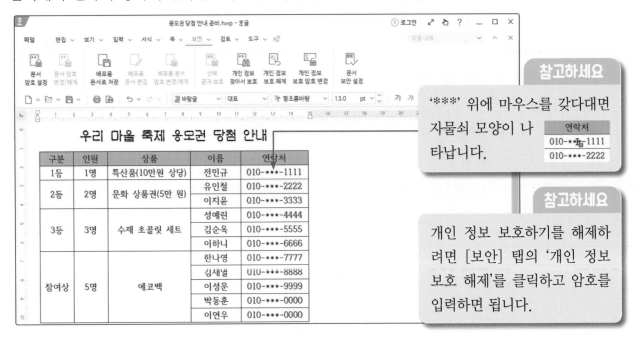

참고하세요

'***' 위에 마우스를 갖다대면 자물쇠 모양이 나타납니다.

연락처
010-**🔒-1111
010-***-2222

참고하세요

개인 정보 보호하기를 해제하려면 [보안] 탭의 '개인 정보 보호 해제'를 클릭하고 암호를 입력하면 됩니다.

2 배포용 문서 만들기

1 ❶ [보안] 탭의 ❷ '배포용 문서로 저장'을 클릭합니다. ❸ [배포용 문서로 저장] 대화 상자가 나타나면 '쓰기 암호'와 '암호 확인'란에 암호 "12369"를 입력한 후 ❹ [저장]을 클릭합니다.

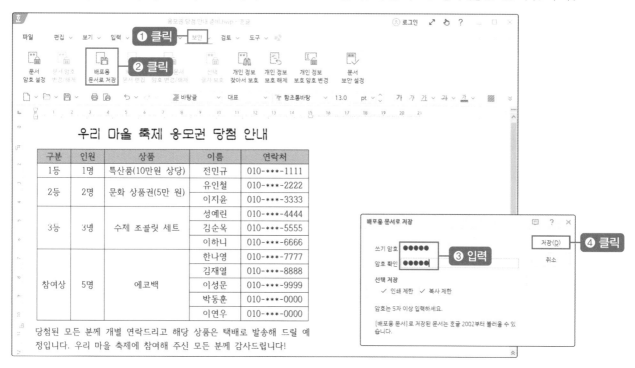

2 제목 표시줄에 '[배포용 문서]'로 표시됩니다. 배포용 문서는 내용을 드래그해서 블록으로 설정할 수 없고 메뉴들이 비활성화된 것을 확인할 수 있습니다.

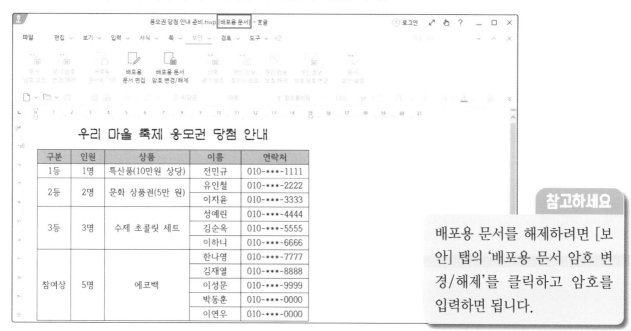

참고하세요

배포용 문서를 해제하려면 [보안] 탭의 '배포용 문서 암호 변경/해제'를 클릭하고 암호를 입력하면 됩니다.

① '백화점 고객 명단 준비.hwp' 파일에서 다음과 같이 개인 정보를 보호해 보세요.

행복 백화점 고객 명단

이름	연락처	생년월일	등급
박광철	010-111-****	1965.**.**	Gold
김승호	010-222-****	1789.**.**	Sliver
이지은	010-333-****	1771.**.**	Sliver
이명렬	010-444-****	1954.**.**	Basic
전재호	010-555-****	1966.**.**	Gold
심은지	010-666-****	1779.**.**	Sliver
차명화	010-777-****	1598.**.**	Basic
우길호	010-888-****	1881.**.**	Gold
한지영	010-999-****	1992.**.**	Sliver
노사랑	010-000-****	1663.**.**	Sliver

백화점 고객 명단 준비

[보안] 탭의 '개인 정보 찾아서 보호'를 클릭하여 '전화번호'와 '생년월일' 선택

개인 정보 보호 암호는 "12345"로 입력

② 개인 정보를 보호한 '백화점 고객 명단 준비.hwp' 파일을 '백화점 고객 명단 완성.hwp'로 저장한 뒤 배포용 문서로 만들어 보세요.

행복 백화점 고객 명단

이름	연락처	생년월일	등급
박광철	010-111-****	1965.**.**	Gold
김승호	010-222-****	1789.**.**	Sliver
이지은	010-333-****	1771.**.**	Sliver
이명렬	010-444-****	1954.**.**	Basic
전재호	010-555-****	1966.**.**	Gold
심은지	010-666-****	1779.**.**	Sliver
차명화	010-777-****	1598.**.**	Basic
우길호	010-888-****	1881.**.**	Gold
한지영	010-999-****	1992.**.**	Sliver
노사랑	010-000-****	1663.**.**	Sliver

백화점 고객 명단 완성

[보안] 탭의 '배포용 문서로 저장' 클릭

암호는 "13579"로 입력